● 2017年度教育部人文社会科学研究专题课题"全员育人："同向同行"的平台
  设计与教师组织——以'大国方略'系列课为例"，项目批准号：17JDSZ1013
● 上海市课程思政教学科研示范团队——"顾骏团队"
● 上海市重点图书

顾 骏 主编

郭毅可 副主编

● 人文与智能丛书 ●

人与机器：
思想人工智能

Philosophical Thinking of Artificial Intelligence

上海大学出版社

·上海·

图书在版编目(CIP)数据

人与机器：思想人工智能/顾骏主编. —上海：
上海大学出版社,2018.8
ISBN 978-7-5671-3208-5

Ⅰ.①人… Ⅱ.①顾… Ⅲ.①人工智能－科学哲学
Ⅳ.①TP18-02

中国版本图书馆 CIP 数据核字(2018)第 173878 号

责任编辑　傅玉芳　　庄际虹
　　　　　　徐雁华　　陈　强
封面设计　柯国富

人与机器：思想人工智能
顾　骏　主编
郭毅可　副主编
上海大学出版社出版发行
(上海市上大路 99 号　邮政编码 200444)
(http://www.press.shu.edu.cn　发行热线 021-66135112)
出版人　戴骏豪
*
南京展望文化发展有限公司排版
江阴金马印刷有限公司印刷　各地新华书店经销
开本 710 mm×1000 mm　1/16　印张 20.75　字数 231 千
2018 年 8 月第 1 版　2018 年 8 月第 1 次印刷
ISBN 978-7-5671-3208-5/TP·068　定价　38.00 元

目　录

前 言
人工智能之“天问”

　　"人无远虑，必有近忧。"

——孔子《论语·卫灵公》

　　"先事虑事，先患虑患。先事虑事谓之接，接则事优成。先患虑患谓之豫，豫则祸不生。事至而后虑者谓之后，后则事不举。患至而后虑者谓之困，困则祸不可御。"

——荀子《荀子·大略》

　　人工智能是当下最受关注的技术创新和产业趋势。从积极方面说，人类能够利用人工智能提高生产和生活效率，这已成共识，可以讨论的只是在多大程度上实现这一点。从消极方面说，"第四次革命""奇点""颠覆性影响"等说法，形形色色，传递出人类对人工智能既爱又怕的复杂心态。为了利用人工智能，应对可能的冲击，前瞻人工智能可能给人类带来负面影响的研究越来越多，这同样是必要的，只有把各种可能性都做了考虑,才能未雨绸缪,确保人工智能开发不至于走得过远,集聚失控风险。

问题是,目前国内有关人工智能风险的研究大多未涉及人工智能本身的属性,即使有,多半也只是一些碎片化言论,缺乏完整论述,更未对所取立场、视角和方法作方法论反思。因此,此类研究虽则在具体问题上见仁见智,提出了不少有价值的看法,但基本上停留在形而下的层面,将人工智能等同于人类已有的创造,并以人类过往对科学技术的有效管控为参照,对人工智能与人类智能的关系,采取简单乐观的态度,至多针对就业岗位减少等表层效应,提出预测和应对方案,而就人工智能开发整体上表示审慎态度和长远忧虑的论述极少。客观地说,如此态势对人工智能的发展来说,构成了相当友好的环境,但就正视人工智能可能带来的颠覆性影响,充分评估潜在的负面效应,提前做好风险应对的准备而论,则是明显不够的。一旦出现未曾预料的新现象、新进展、新证据或新后果,现有的前瞻研究很可能被证伪,无法起到科学预测应有的作用。事实上,从"深蓝"到 AlphaGo,遵循"摩尔定律"的人工智能,以其神速发展和已达到的智慧水平,一再令人大感意外。按照这样的轨迹和速率,在未来的日子里,人工智能震惊人类的频率和烈度,只会趋于密集和增高,盲目乐观将被证明是不明智甚至愚蠢的。作为对人类共同命运的关注,中国的人工智能风险研究尤须走出表层思考,努力提升思维层次,形成与发达国家学者对等交流的态势。从确保前瞻研究的方法论严谨和预测可靠出发,保持适度超脱,站在哲学高度,严肃提出问题,破除遮蔽,擦亮思维,激发洞察,才能站上前瞻研究的制高点。

一、人工智能的形而上意义何在?

关于人工智能最简洁也最直击要害的定性描述是，人工智能有可能颠覆人类智能，所谓"奇点"就是这一天到来的时间节点，据说从现在算起，还有 30 年左右的时间。英国物理学家、哲学家霍金生前多次提出明确警告，人工智能的崛起可能是人类文明的终结，"我们不确定我们会从人工智能得到无限帮助，还是被无限边缘化，甚至毁灭"。

霍金是为数不多的敢作"盛世危言"的科学家。尽管他对人工智能和利用人工智能造福人类，总体上抱乐观态度，但一个"不确定"已清楚地表现出这位科学家、哲学家的思想独立和思维严谨。仅仅"颠覆性影响"这个说法本身，就足以让人不敢在尚未进行合理而系统的质疑前，就对人类智能与人工智能的关系，想当然地做过于乐观的遐想。

现在的问题不是霍金的担忧是否杞人忧天，而是我们能否在高于单纯技术的层次上思考人工智能的前景，进而思考人类智能乃至人类的前景。在此，借鉴中国传统文化的三对范畴——体与用、道与器和天与人，逐级提升，对人工智能的形而上性质及其与人类智能的关系，提出一些问题，并做方法论的阐释。

1. 人工智能是"体"还是"用"?

"体"与"用"是中国哲学的基本范畴。西学东渐之后，中国学者提出"中学为体，西学为用"，主张以中国文化为本体，西方文化为效用，利用西方文化来帮助中国实现文化更新。这种封闭态度随即遭到批判，但体用之别的视角是有价值的，中国坚持走自己的路，始终强调"中国特色的社会主义",就有类似策略隐含其中。

套用这一思路,着眼风险的研究首先必须确定人工智能到底应该被看作具有自身存在和固有逻辑的"本体",还是仅仅服务于人类目的的某种"效用",即为人类意愿所左右的技术。如果仅承认其效用,那只需像当年对待电能和石油、现在对待高铁一样就行,没有必要过多忧虑,什么对人类的颠覆性影响,完全无从谈起:不成其为"本体",何来人工智能取代人类智能的问题?

反过来,如果把人工智能置于"本体"地位,则必须考虑,引入人工智能是否意味着在本来由人类智能一统天下的世界上,出现了竞争对手? 一元的智能世界是否就此变成二元的智能世界? 两种智能的关系又将如何? 未来的趋势又会怎么演变? 如此这般的问题就不再是借助人工智能来提升人类智能那么简单,也不只是人类智能和人工智能到底谁会最后统治地球的问题,还将拓展到诸如外星文明、宜居星球等更具科幻感的宏大话题。

在天文学领域中,人类曾经跨出勇敢的一步,从"地心说"进到了"日心说",基督教宇宙秩序从此被颠覆。在人工智能领域,人类是否也会迈出同样勇敢的一步,在看待人工智能时从"用"进到"体"? 这两项思想行动之所以称得上勇敢,因为其挑战的是同样的思维误区、同样的刻板模式和同样的自我遮蔽——人类中心主义。

2. 人工智能是"道"还是"器"?

"道"与"器"是中国哲学的另一对基本范畴。孔子说"君子谋道不谋食","朝闻道夕死可矣",还说"君子不器"。"道"具有形而上的属性,是世界的本源,而"器"只有形而下的属性,用于满足实际生活需要。今日所谓"人才"者，在孔子看来，差不多只是用于完成功能性事务的人形工具。简言之，"道"与"器"这一对范畴问的是：人到底是为了超越性的更高存在而存在，还是仅为生存而生存？

把这一思考方式运用于人工智能，虽不够严谨，却仍有价值。因为一旦承认人工智能具有本体属性，必然会提出进一步的问题，即人工智能究竟是作为一种更高存在，比如"道"的实现形式，还是仅止于其自身的工具性存在，即所谓的"器"？换言之，人工智能的发展是按照某个外在指令不断演化，还是仅仅依靠人类获得技术层面的逐步完善？

如果视之为"器"，那只需要讨论如何把人工智能设计得更完善，所谓负面影响即便纳入考虑，也仅限于实用层面，根本不用关心"颠覆性"问题：人工智能跳不出人类手掌，能带来多大毁灭性影响？充其量不过技术失误，就像核电站泄漏，不是核能挣脱了人类控制，只是人类在设计、制造或运行中出现了失误或疏忽而已。所以，前瞻也只需要从人类的角度，注意避免人工智能可能存在的缺陷和因此导致的风险。

相反，如果视之为"道"，那就必须承认发展人工智能必定服从某种固有逻辑，顺应某种规律。因此，关于人工智能的风险研究必定致力于揭示其逻辑指向，找到必然趋势，然后才能预测相关技术会产生什么影响，包括负面影响，否则，预测难免成为一堆碎片，而前瞻也将成为鼻子底下的探险之旅。

3. 人工智能是"天"还是"人"？

承认了人工智能是"体"，反映了"道"的要求，接踵而来的问题是，这个"道"是"天道"还是"人道"？也就是说，人工智能作为模拟智能，模拟的到底是存在于宇宙中的智能一般还是人类的特殊智能？

中国传统文化信奉"天人合一"，所以，天道即人道。但既然存在天道和人道两种形态，那彼此的关系问题就不会是没有价值的。"人道服从天道"是中国文化的根本信念。老子说："天地不仁，以万物为刍狗。"在这里，"仁"体现人道，属于人文价值，居于核心地位，但在"天道"运行范围内，却无足轻重。司马迁说的"究天人之际，通古今之变"，意思更加明白，天与人是有区别的，而边界在哪里，就是一个好问题。

把这一视角运用于人工智能研究，如果其模拟的是"人道"，那么模拟者要超越被模拟者，就相当困难，人类意志决定了人工智能往哪个方向发展，发展到什么限度，一旦人类发觉可能遭遇重大风险或威胁，可以直接中止人工智能的进一步研发。

如果人工智能模拟的是"天道"，那无论人类怎么干预，人工智能总会遵循固有逻辑，沿着不受人控制的方向发展下去。在这个过程中，自然指令才是人工智能发展的最终动力，超越人类智能因此是完全可以想象、绝对符合逻辑的。毕竟，至今没有人能证明，人类智能是宇宙最高智能形态，不可超越。"道可道，非常道"，人类智能也好，人工智能也好，都只是智能一般的实现形态，不是智能一般本身。所以，仅凭对人类智能的不完全认识，不足以断言智能一般是怎么回事，也就无法断言人类智能必定凌驾于人工智能之上。事实上，智能机器人有了深度学习能力之后，超越人类智能的现象已多次出现。警报早已响起，研究者不能选择性失聪。

最近有报道称，在 Facebook 进行的研究项目中，两个智能机器人在对话中自发生成了人类无法理解但确有意义的语言,出于审慎的考虑,项目被暂时中止了。

对于这样一个案例,站在人工智能只是模拟"人道"的立场上,会相信人类的理性和控制力,只要关闭研发的主动权仍在人类手里,就不用担心人工智能会颠覆人类智能。而站在"天道"的立场上则会推测,无论人类看没看到威胁,愿不愿意接受风险,都将身不由己地继续研发,即便出现更为骇人的情形,也不得不任其发展,因为有超越人类的自然机制在控制着人类本身,驱使人类有违本意地放任人工智能发展,哪怕最后毁灭人类自身。

纵观世界,人类装备核武器、制造巨量垃圾、严重污染环境,且应对无方,早已准备好了毁灭自身的条件,不差人工智能这一条。如果自然界演化规律确实只是让人类做一回"天地之过客",那在人工智能研发的关键时刻,人类的自由意志将只会被用于开启自己墓道的闸门!

这三个维度以及内含的两个不同方向,对于前瞻人工智能都不是没有意义的,但风格不同,层次不同,关注点不同,最后结论也将完全不同。考虑到目前关于人工智能的研究在"用""器"和"人"的方向上比较多,基于补缺的目的,这里有意更多地往"体""道"和"天"的方向上,来前瞻人工智能及其可能的风险。

二、被颠覆者有能力前瞻颠覆者吗?

理性是人类认识和改变世界的终极手段,但现代社会科学尤其是社会学恰恰产生于对于人类理性的悖论性认识:社会学在认识到法国革命的结果不尽如人意后,基于理性设计不足以建成理想社会的事实,推断出人类理性本身存在缺陷,在此基础上,重新提出研究和改革社会问题的理论构想和应用方案。这一发现本身具有极大理论价值,称得上人类自我认识的一个里程碑。但问题是,单凭有缺陷的理性能认识理性的缺陷吗? 人类借助理性获得的关于理性缺陷的认识,会不会本身就是理性缺陷的结果? 社会学素有三大悖论,"理性悖论"就是其中首要的一个。

同样道理,如果承认人工智能有可能成为人类迄今为止遭遇到的最大的"颠覆性影响",因为其挑战的是被视作人之为人的本质属性,即人类得以认知、改变和创设世界的能力,那么,关于人工智能的前瞻研究难免遭遇相似的悖论:将被人工智能颠覆的人类智能,能够预测人工智能及其颠覆方式和颠覆后果吗? 这如同要求脑外科医生在清醒状态下给自己的大脑动手术,可能吗?

关于这一问题的回答,如果不是全然否定,至少也是不确定的,而部分科学家如霍金等对人工智能发展前景表示疑虑和担忧,很大程度上,就是因为看到人类思维存在"灯下黑"。其实,不要说对人工智能这样深刻挑战人类尊严最后堡垒的发明,就是现已处于成熟期的互联网技术,其发明之初也曾以"虚拟存在"而让人深感"颠覆性影响"的威力。今天被视为中国创新成功之标志的BAT,曾几何时不但拿不到多少国内投资,阿里巴巴也因VIE股权架构而先后被中国内地和香港证交所拒绝,最后只能去美国上市。"煮熟的鸭子"没有飞走,但国内投资者确实只能望而兴叹。在数据的重要性日益被人承认的今天,就其对国计民生的重要性而论,这些网络巨头要比扎堆传统行业的国企,分量重得多,何以当时被视若无睹,没有获得国资投入以保证国家对战略行业的有效控制？原因或许在于官员的自信，只要在中国境内运行，就没有国家控制不了的，但更有可能的是，这个前所未有的"虚拟存在"相对人类习以为常的"现实存在"，实在过于"颠覆"，以致国资官员和中国投资家，根本想象不到自己的智商会被"颠覆"得如此不堪！

人类智能的有限决定了人类对人工智能及其影响的认识是有限的，决定了由此提出的前景预测和解决方案在有效性和可靠性上是有限的。只有基于这样的认知前提，风险研究才可能是客观而且科学的。否则，陷于"人类中心主义"的误区，无视人类智能的短板，跳不出因循思维的窠臼，任何预测都难免陷入盲人摸象、一知半解的困境。

在事关人类命运的重大抉择面前，风险研究者岂能放任自己"盲人骑瞎马，夜半临深池"！

为人类生存和理性尊严计，关于人工智能各种方向上的前瞻研究都是必要而且重要的，但研究者应该在增强"理性有限"意识的基础上，合理借鉴社会科学界已经提出和实践了的方案。

长期以来，社会学致力于通过改进研究方法，来弥补理性局限。集哲学家、数学家、物理学家和社会学创始人为一身的法国思想家孔德之所以提出"实证科学"，根本上就是为了排除"先入之见"和"玄思空想"，通过以社会生活为参照，随时调整自己的认知结构，争取获得可靠知识。作为社会学重要理论流派之一，现象学社会学明确要求回归不同于科学理性的"日常生活逻辑"，并设计和开发出专门的理论工具——"民俗方法论"，意义就在于此。

同样，现代经济学从有限理性和不完全市场出发，提出种种构想和对策,其背后的逻辑同样是希望以超越个人的社会机制,来克服有限理性的局限。

参照这些学科的思路,人工智能风险研究有必要提出人类智能可能遭遇人工智能颠覆的假设,并在主要方向和基本方法上,检查"人类中心主义"站位所导致的"灯下黑",反思已有判断和评估及其参照和标准的合理性,摒弃遮蔽人类认识的文化偏见,找到合理评估的理论和方法,获得有解释力、预见力和应对力的实操方案。

三、人工智能仅止于模拟人类智能吗?

对人工智能持乐观态度的人士往往相信并坚持"人工智能只是对人类智能的模拟"。就其来源而言,人工智能确为人类所造,不是自然直接产物,也不是更为高级的存在物如外星人带来的。但与其他人造物不同,人工智能不是人类智能的物化表达,如人类制造的机械,而是人类智能的模拟形态。这样的解读看似没有问题,但恰恰是最大问题之所在。

人工智能由人类创造,这不假,但人类创造本身不是没有讨论余地的。人类创造到底是无中生有,造就了自然不存在的东西,还只是发现并造就了自然界虽然没有,但允许存在的东西?数学的确是人类的发现,但却不是人类的发明,人类不能创造数学关系。迄今为止,自然虽然不具有自觉意识和主观动机,但确实无须借助理性和意志,便让许多精妙之物,许多人类没有能力制造的精妙之物,包括最精妙的人类本身,诞生并存在于世界之中,此即所谓的"自然智慧"。

自然赋予人类创造的能力,并通过人类创造出自然自身无法直接产生的东西,这一事实留给人类无限的想象空间:自然之所以创造人类是否就为创造一种专事创造的"代理人",以便创造自然无法直接创造的精妙之物?人类智能是否就是自然智慧的显性化?

一旦承认人类只能创造出自然允许存在的东西,包括所谓的"人工智能",我们就不得不迎来另一个可能:人工智能不但不是人类智能的拷贝或延续,而且人工智能的根本属性不取决于人类,而取决于自然允许何种智能存在并达到何种智慧水平。尽管这会伤及人类自尊,但人工智能的涉人属性确有可能是虚幻的,相应的,关于人类可以控制人工智能的发展及其后果的自信,也确有可能是虚幻的。

这就是说,人工智能最后完全独立于人类智能,成为某种自在之物,进而给人类带来超乎想象的挑战,导致真正意义上的"颠覆",从模拟人类开始,最终超越人类智能,这是完全可能的。目前,已有越来越多的领域传出人工智能战胜人类智能的实例。AlphaGo 及其表现已耳熟能详,其他领域从法律咨询、癌症诊断、无人驾驶到航空领域人机对抗,人类一再失利。更恐怖的是,人类智能继续发展的空间已经几乎用尽,而人工智能的发展则刚刚起步,未来属于谁,看上去讨论的余地不大了。在这样的现实面前,我们不能不步步退却,搜索人类智能任何一点优势,以便为可能的对抗,找到可依托的阵地。

四、"单项型"能战胜"全能型"吗?

在对"单向型"和"全能型"两种智能类型及其优劣问题展开讨论之前,有必要先回顾一下人工智能已取得的一项根本性突破。

目前智能机器人已经进入到不依赖人类编制的程序和选定的数

据,而通过自己主动学习,按照给定目标,由海量数据而做出决策的阶段。这实际上表明,人工智能开始脱离人类"手把手"的帮扶,而具有了自主行动的性质和能力,拐点就在人工智能的运行已完成"从数据,而不是从规则开始"的转变。

在相当长时间里,机器人的"思考"可以概括为借助人类设计的程序,基于对人类选定数据的处理,找到可能的结果,"深蓝"就是这一模式的样板。

这种运行模式犹如学生学习外语,先学会语法,再掌握单词,然后获得运用语言的能力。掌握哪种语言的语法和单词,决定了个人能运用哪种语言。在这个阶段,人工智能不可能跳出"如来佛的掌心",获得对人类的独立,因为"语法"决定一切,而"语法"是人类编制的。

自从人工智能模拟神经网络系统,有了深度学习能力之后,智能机器人在"思考"上实现了质的飞跃,不再依赖人类预设的程序和给定的数据,而只需要接受人类设定的目标,就能遵循算法,基于对海量数据的分析,提出解决问题的方案。AlphaGo战胜世界围棋高手,成功就是这样取得的。

这种"思考"的特点犹如婴儿学习语言,不是从语法开始,而是从单词开始,通过接触大量语言现象,无师自通,完成从不懂到懂的转变,即使没有语法知识,照样能符合语法地理解和表达。人类婴儿无须具备任何一种语言的语法知识,只要直接接触语言现象,就可以同时掌握多种语言,相互切换而不产生任何混淆。

人工智能两种"思考"方式之间的差异,可以用中国学生学习英语来表征。中国学生在学校里花费大量时间学习英语语法和单词,但最终在作文和会话等语言的主动运用上,乏善可陈。因为采取了"从规则开始"的学习路径,最后获得的主要是语法知识和脱离场景的单词,所以严重缺乏运用英语的能力。今天,智能机器人走在中国学生前面了,"从数据开始",不但有了运用的能力,也有了独立提出解决问题方案的能力,机器赢了人。

机器赢了人,但许多人仍然不相信人工智能赢得了人类智能。理由是,人类思维属于"全能型",人工智能即便有能力"从数据开始"学习和发现,依然局限于"单项"的学习和运用,所以存在先天不足,无法整体超越人类智能。这个看似合情合理的论断,其实不是没有问题的。

至少在目前,"单项型"的人工智能确实表现出将"全能型"的人类智能分解之后,模仿其中某些智能元素而单独运行的特点。但无论这种"智能单体"同人类智能"复合体"有何异同,至少已经表现出在某一方面区别于人类智能的特点,并达到了更高的智慧水平。

战胜全世界围棋高手的 AlphaGo,其最可怕之处不在于计算能力本身,而在于凭借人类难以企及的计算能力,AlphaGo 竟然发现了人类自发明围棋以来从未发现的棋理。人类高手不仅在算棋上输给了机器人,在理解围棋的内涵上输得更惨。中国人下了两千多年围棋,现在机器人却告诉我们:你的理解错了,境界不够。人与智能机器人不在同一个智慧层面上对弈,这才是 AlphaGo 赢棋给人类的警告!

现在问题来了,人工智能依靠单项优势的叠加,能超越人类智能的全能优势吗?

一种观点认为,AlphaGo 围棋下得再好,在不更换或修改算法的情况下,单凭海量数据的学习,改行打麻将,肯定不行,更不用说直接派去无人驾驶了。单项冠军拿得再多,不如全能冠军含金量高,所以人类智能的综合优势不会被只拥有局部优势的人工智能打败。

如此观点虽有一定道理,却没有想到,如果换个角度来看,人工智能即便只是单项能力强悍,但要是在各个领域中,人类智能都被人工智能逐一打败,最后这综合能力上的优势又何以体现?一支冠军球队队员的个人能力普遍不如明星队队员,只是整体配合好一些,就能确保取胜吗?到这一步,人工智能与人类智能谁输谁赢就转变为另一个问题:在单项能力已经超过人类的背景下,能否通过加强人工智能的单项能力拓展,从而在综合能力上超越人类智能?科学家有没有能力让人工智能的深度学习从单一项目拓展为像人类一样的"触类旁通",而至无所不能?

事实上,在 AlphaGo 身上,我们已经看到人工智能若干单项能力的自发扩展。长期以来,"金角银边草肚皮"是围棋界的共识,但事实证明,这种"公理"其实只是人类无法承受以"肚皮"取胜所需的计算量才得出的经验之谈。不是围棋中不存在"肚皮"的价值和实现之道,只是人类大脑受计算能力所限,永远不可能发现这一点。现在,AlphaGo 突破了计算能力瓶颈,"肚皮"的价值及其背后棋理,自然浮现。这实际上证明 AlphaGo 的"单项优势"已经呈现出自发扩散的趋势:计算能力和棋理发现互为补充、相得益彰,才是让中国棋手柯洁说出"我是人,AlphaGo 是上帝"的强大力量!

所以,人工智能虽然仍处于作为人类智能"要素分解"的阶段,但仅仅依托深度学习、超强计算能力和海量数据,就在单项智能水平超群的基础上,表现出一定的综合发展潜力。如果科学家持续加以研发，假以时日，更多的单项智能得到不断拓展、相互整合，会不会来到一个真正的拐点，也就是"奇点"成为现实的时刻？要回答这个问题，必须先回答："奇点"的到来究竟取决于研制者的技术开发能力，还是取决于他们的愿望？

Facebook 进行的智能机器人彼此对话的项目被中止，最好不过地说明，如果人类继续在现有思维水平和技术逻辑的基础上进行开发，人工智能将基于不断增强的能力，以"从数据开始"的学习方式，遵循固有逻辑，实现自我发展。至此，上述选择题就只剩下一个选项：人类是否愿意让人工智能走出人类的控制？

Facebook 的回答是：No！至少暂时。

五、不具有非理性成分是人工智能的劣势吗？

在主张人工智能不可能超越人类智能的人士那里，人工智能的一大不足是缺乏情感、审美等人文属性的感知和思维能力。这种看似有理有据的论证，在方法论上，同样有"灯下黑"之嫌。

作为最好的反面例证，智能机器人"小冰"通过深度学习，借助算法这种纯粹理性的方式，已能写出诗意盎然的篇章，如果不加说明，看不出同人类作品有什么不同。如果允许模拟"乌青体"诗人采用"回车键"来写作的话，那更简单的机器人都可以同台献诗。况且，人类不用对机器人隐瞒，有多少男女是在精心计算利益之后，才让自己"堕入情网"的，远非 18 世纪苏格兰思想家所认为的，理性只是非理性的奴仆。

剖析人类更深的心理结构，还可以看到，个人独特的情感性表达背后同样有着某种理性安排,不管其本人是否自觉到。只要希望获得他人共鸣,诗人就必须按照一定的惯例,运用文字、意象和隐喻,因此必定呈现出相当的逻辑性。即便任性随意如朦胧诗,真要让读者朦胧得起来,诗人采用的表达手法也必须有一定之规。而只要有惯例存在,数据就不会没有指向性,基于概率基础之上的算法也不会没有用武之地。所以,缺乏非理性思维能力,对人工智能来说,并不是一条难以跨越的鸿沟。

更有甚者,非理性因素的缺乏还可能让人工智能在特定场合,占有更大的竞争优势。比如在智能机器人组成的团队中,由于人工智能排除了"非理性"因素,所以不存在诸如"友情""面子""嫉妒"等心理动机,因个体情感或情绪而损害团队合作的情况将不会发生。"心往一处想,劲往一处使",通过算法成为现实,而"督战队"等监控设置则成为纯粹多余,除了人类对智能机器人本身的监控之外。

必须承认,在这一思考层面上,人工智能的所谓"优势"仍依附于人类的目的,要跳出只关注"用",而不关注"体"的人类中心主义智能观的窠臼,仍需要换一个角度来提出问题。

人类智能包含理性和非理性两种思维能力,其中理性主要体现为有能力找到"手段—目的的客观关联"。相比非理性,理性更具有物的属性,更容易表现出普遍有效性,其逻辑、行动和结果因此具有很强的确定性,不以个人主观意志为转移,还能施行强制于个人,因此被列入"外在性"范畴。个人哪怕各自"心怀鬼胎",相互间仍能建立"同情式理解",道理就在这里。

反过来,非理性更多地表现为个体身上难以预测甚或无法理喻的特性,不但反映出个体间的实质性差异,还带来个体思维及其结果的不确定性。在生活中，相同的教学过程在不同学生那里最后的效果是不一样的，同一本书在不同读者那里引发的体会是不一样的，同样的数据在不同分析家那里得出的结论是不一样的，同样的影像在不同医生那里诊断结果是不一样的，如此这般的原因之一就在于人类理性思考时，总会不由自主地加入非理性成分，从而大大增加思考和思考结果的不确定性。

与此相反，"纯理性"的智能机器人因为拥有无差别的"神经网络系统"，遵循同一套算法，面对相同的海量数据，至少在理论上，可以得出同样的"深度学习效果"，从而大大降低思维的不确定性。智能机器人诊断癌症的速率和准确率都大大高于医生，在个体的能力上是如此，在整体的效率上更是如此。仅从实际效果来说，医生集体会诊固然可以有效减少误诊率，但一定会同时降低医生诊断的工作效率，加剧优质医疗资源的紧缺。

现在的问题是，如果人类智能内在的不确定性，具有像生物多样性一样的价值，能让人在逻辑必然性之外，获得意外的发现和发明，据说这是人类创造的重要来源，那么，失去不确定性，对于人工智能来说，岂非就意味着不可能像人类智能那样，获得"命运女神的眷顾"？

于是，人类在岌岌可危之际，貌似找到了一块最后的保留地。

遗憾的是，如此推理给人带来的些许宽慰，仍是短暂的。要是在善于深度学习的人工智能诞生之后，发现或发明从此不再依赖不确定性，而走上如同算法那样确定甚至划一的道路，那关于人类智能与人工智能谁更优越的争论，不就会得出另一种结论？因为一旦不确定性被逐出智力作用范围，在海量数据的支持下，诊断将更一目了然,人机对抗将更干净利落,发现、发明和创造将更直截了当。到那时候,即使在创造性领域,人类智能被人工智能超越的日子也将更加临近。

众所周知,在自然智慧的领地内,人类设立的"一夫一妻制"由于基本保障了所有个体在制度条件下,拥有同等权利传递生物学基因,从而让"适者生存"的生物进化规律被全面边缘化。在极端场合下,最不具备经济条件的个体拥有最大的基因传递机会,越是贫穷愚昧的群体生育率越高,客观上导出了"不适者生存"的文化逻辑,自然智慧遭遇彻底颠覆。既然人类社会可以逆自然而演进,人工智能为什么就不可以逆自己的创造者——人类智能而自行其是? Facebook 开展的智能机器人对话项目之所以被中止,会不会就出于对这一可能性的极端恐惧?

六、人工智能需要自我意识吗?

在人类智能与人工智能的竞赛中,据说人类智能还有一项不可动摇的优势,那就是唯有人类具有自我意识。在许多人看来,没有自我意识,机器人就不会想到脱离人类控制,更不会想到控制人类,机器人纵然有了智能,仍然只是"机器",不是"人"。这种想法是真正的人类中心主义成见。

人类如此看重自我意识,可以理解,但其他物种有没有自我意识,仍待科学证明,最后的结论可能只是"统计口径"问题。至于说其他智能形态必须同自我意识"捆绑销售",则问题更大。大自然能够创造人类至今创造不出的精妙事物,包括人类本身,却从来不曾有过自我意识，除非我们把人类意识看作大自然自我意识的显性化。所以，人工智能超越人类智能是否需要以自我意识为前提，至少有待论证。

退一步讲，自我意识通常被定义为有能力区别自我和他人，并会站在他人的立场看待自己，这样才会产生脱离他人控制甚至控制他人的意图。现在，AlphaGo 在下棋时不但知道吃掉对方棋子，还知道针对对方意图，保护己方棋子，如此还被认为不会区别对方与自己，不会站在对方立场看待自己，所以尚未形成自我意识，哪怕最朴素的形态，是不是有人类对机器人故意设套之嫌？今天，扫地机器人在电能储备衰竭时，会自动走向电源，为自己补充电能，"延续工作生命"，以后会不会在零部件出故障时，能够自行感知，然后发送信息，召唤无人机把自己送回工厂，自行启动专事维修的机器人给自己更换零件？如果类似的机器人自我支持功能不断完善和积累，有朝一日终成质变，推动智能机器人彼此形成 Facebook 研究项目中一样的自主对话并产生人类听不懂的语言，从而促成智能机器人"大团结"，寻求在更多场合找到自行满足需要的方案，最后是否会以减轻人类工作的方式，实际脱离人类的控制，取得独立于人类的存在方式？在最近的 AlphaGo 和围棋手结对比赛中，因为判断输赢已定，但围棋手仍欲"负隅顽抗"，AlphaGo 违拗棋手意愿，连出胜着，成功结束了棋手徒劳的挣扎，表现出强烈的独立倾向。既然独立意识有了，自我意识还会远吗？也许反过来说更精准，独立意识有了，还会没有自我意识吗？

随着越来越多的设计工作被交给智能机器人，最后连设计智能机器人的工作也将被智能机器人给接过去，这是一个十分自然的趋势。而只要智能机器人学会自行设计、自行制造、自行维修、自行更替,有没有人类特有的那种"自我意识",确实没有多大区别。

其至还存在一种可能,在未来智能机器人与人类的对抗中,没有自我意识,反而成为机器人团队的优势。因为没有私心,不会尔虞我诈,不会临阵脱逃,所以,既不需要自律的伦理道德,也不需要他律的法条戒律,一切围绕同一目标,运行同一神经网络系统或更高智能配置,面对同一海量数据,智能机器人高度共识、不存芥蒂、精诚合作,最后形成的强大合力必定远远超越人类团队,从而在人机对抗场合获得压倒性优势。这一点将在未来的战争形式——人机混合作战中得到最后证明。

七、人工智能还是无机智能?

使人类难以真正认识人工智能的,是人类永远难以完全避免的自我中心主义。所谓"人工智能"这一称呼,本身就以人类自身为本位,视人工智能为单纯参照人类智能而开发出来的一种智慧形态。为了跳出人工智能服从"人道"的误区,上升到体现"天道"的层次,必须将人类智能和人工智能作平等看待,另行找到一个相对两者来说更具中立性和客观性的范畴,"有机智能"和"无机智能"可以作为最适合也最得体的名称。

所谓"有机智能",说得简单些,就是生物智能。所有生物包括人类在内,都具有不同层次和程度的智慧,所有这些智慧的产生、存在、运行和演进,本质上是生物学过程,也就是有机物质的化学或电化学反应过程。

作为有机物的高级形态,具有新陈代谢功能的蛋白体获得感知环境的能力,所谓"自我意识"由此发端。区别物我,选择广义食物的需要,最终导致意志行为或有目的行动的诞生,有机智能是历史和逻辑两个维度上的必然结果。

无机物不是没有变化,更不是不会有化学变化,但无机物无法选择变化的方向。树木可以因为动物啃咬过度,而进化出毒素或针刺甚至引诱蚂蚁筑巢来自我保护,而铝材的氧化膜虽然有助于防止进一步锈蚀,但正常的人不会指望铝材除了"规定动作"之外,还会有"自选动作",进化出更好的防氧化策略。

无机物在自然界中无知无觉、无所作为的状态,随着人工智能的诞生被打破了。主要利用无机物或者没有生物活性的有机物组成的机器人,现在拥有了智能,会通过同样不具有生物活性的传感器来感知信息,会借助算法,通过电子开关来运算,会通过机械装置位移,知道自己所处状态,明白自己的需要,利用其他装备自行解决问题,如此等等。表现在由无机物集成的机器人身上的无机智能,其智慧水平已大大超过许多生物,在局部领域甚至超过了人类。有报道称,智能机器人最高能达到 7 岁孩童的智商水准,这还不涉及特定领域的专业表现。

智慧可以在无机物中产生,其意义远远没有局限在人工智能能否战胜人类智能这么狭隘的视野,而是揭开了地球范围内,自然进化越过人类文明的帷幕:

——因为生物化学性质不稳定而难以解决的生命不死的难题,在智能机器人那里,至少不那么严重。机器人零件更换远比人类器官移植方便,不但供应不成问题,不用"中大奖"似地做基因配对,更不会有排异反应,人类千百年来的长生不老追求,没有在自己身上实现,却在所造之物身上实现了。人类或许会因此感到尴尬乃至伤感,但不值得吗?

——因为无法突破人类生命持续时间的极限而难以开展的人类进入外太空遥远星球的计划,有了无限生命的智能机器人之后,完全有条件启动了。当务之急不是设计和运行整套生命维护系统,而是解决搭载智能机器人的飞船运行寿命问题,以确保其能飞向人类遥不可及的星球。

——因为人类需要氧气、水分和食物,所以对宜居星球有极为复杂而严苛的要求。现在不必了,因为智能机器人不需要氧气,甚至没有氧气更有利于避免氧化;不需要喝水,至少不那么频繁且数量巨大,更不需要对水进行循环处理;不需要依赖阳光、空气、水分和土壤才能生长的植物和转化植物蛋白质为动物蛋白质的动物,一台 3D 打印机足以解决智能机器人大部分的"生存"需要,材料来源不定还能在外星球就地解决。由此,地球文明而不是人类文明可以造访的星球,一下子变得无限多了。

所有这些以有机智能为前提而产生的难题,因为智能机器人的诞生迎刃而解,摆脱了人类之后,地球文明轻而易举地进入宇宙文明的时代。到这个时候,讨论人类智能还有意义吗? 讨论个体意志还有意义吗? 讨论人类存不存在还有意义吗? 霍金所说的"人类被边缘化,被毁灭",莫非就是指人类受有机界制约而无法走出的边界,被无机的智能机器人一步跨过? 既然如此,当人类创造的机器不但能自我生产而且还能自行创造的时候,还需要人类作为创造的"工作母机"吗?

八、算法是"道成肉身"吗？

随着无机智能逐渐逼近有机智能甚至局部超越有机智能的时刻到来，一个从来不曾被人意识到的悖谬清晰地浮出了水面：有机智能是在对自身原理都不十分清楚的情况下，仅仅通过局部模拟，即所谓"算法""神经网络系统"和"深度学习"，就用无机智能实现了自我超越。这里隐藏着一个真正的悖论性问题：如果有机智能不比无机智能优越，怎么能研发出无机智能？如果有机智能比无机智能优越，怎么会被无机智能轻易超越，虽然目前仅表现为局部？

要破解这个悖论可能需要引入一个大胆的猜想，一个有关算法与天道之关系的猜想。

有机智能到底是如何产生的，其运行方式究竟是怎样的？至今对人类来说还是一个谜。好多年前，有科学家说，人类对自己大脑的认识还不如对月球的认识。这种状况或许现在有所改善，但就创造性这个关键指标而论，人类对大脑的认识没有突破性进展，否则诺贝尔奖获得者可以批量生产，或者干脆不用生产，直接让无机智能承担就是。

在人类对大脑核心功能的认识没有很大进展的情况下，有关无机智能的研究却发现了最具实质性意义的运行方式，即算法。随之而来的是无机智能开始突飞猛进地追赶有机智能的步伐。这样的态势让人不能不追问，在智能领域，算法到底意味着什么？只是人类发现的一种工具，还是天道的直接指令？在无人知晓的有机智能运行方式背后是否同样有算法的存在？地球智能乃至宇宙智能，即智能一般的共同特性难道就是数学或者算法吗？

数学发展到今天，远远超出人类生活中用来解决数量关系的工具范畴。作为人类认识和改变世界的利器，数学不只是提供关于事物量化特征的描述，更是关于世界本身及其运行轨迹的定量刻画。借助数学方程式，人类不但可以知道事物的现在，还能倒推过去，预知未来。在宏观物理学中，能表达为数学方程式的物理现象，才算最后得到了解释。而物理方程式一旦通过实验证明，不但足以证明所表达的理论解释是成立的，而且在方程式的定义域里，与已知现象获得解释相伴随的，是未知现象被提前揭示，剩下的问题只是何时被观察到。

这在某种程度上有点像元素周期表，其最重要的功能不是将已知元素排队入座，确定彼此之间是否允许建立化学反应关系，而是预见那些人类从未见过、以前也不曾想到过的元素的存在，并为它们提前安排好座位，准备好发现的路径。不仅仅解释过去或现在，更能预见未来，这是数学在当代人类认识世界过程中发挥的最有价值的作用。

宇宙是数学的，这还不算最奇妙，更奇妙的是数学尤其是数学方程式的发现，常常是数学家猜想的成果。顶级数学家如印度的扎马努金，在其短暂的 37 年生命中，据说于梦乡获知了 3 900 个数学方程式，其中有日后被发现可用于描述黑洞的公式，而当时黑洞还完全处在知识的"黑洞"中，根本无人知晓。这是否意味着，有机智能可以在对事物是否存在毫不知情的情况下，完全凭未知的思考过程或干脆未经思考的直觉或灵感，预先知道该事物的数学结构的存在？

如此比巧合还巧合的事实，让人不得不提问：有机智能对数学的敏感与无机智能靠算法运行，两者之间到底有何关联？有机智能和无机智能以及一切智能的相通之处，是否就在数学本身？这种不无神秘的数学关系是否就是天道的存在形态？难道有机智能是在为无机智能寻找以算法为基本思维手段的过程中，于无意中接近了那个"不可道"的天道？有机智能使用的"十进制"与无机智能采用的"二进制"，就接近"天道"而言，两者之间是否存在某种优劣之分？中国易经八卦采用类似"二进制"的阴阳两爻，是否冥冥之中另有定数？

如此这般的"天问"扩展开来，可以借由数学与物理的关系，不断推演，从另一方向切入数学与智能及其背后"天道"的关系。

在物理领域中，数学方程式到底是一种纯数学的存在还是物理存在的数学表达？人类认识数学方程式到底是作为对纯数学的认识还是作为对物理现象的"未卜先知"？数学方程式与物理现象到底谁先谁后？物理现象有起点和终点，描述物理现象的数学方程式却没有起点和终点，先于或久于物理现象存在的数学方程式的意义又是什么？是否只要数学方程式存在，即使物理现象尚未存在，最终也会存在？要是果真这样，那世界上所有能用数学方程式表达的物理现象不都可以归入"预定论"范畴？可以通过算法来解决的问题，会因为算法中方程式的存在而注定会存在吗？如此先于许多事物存在又久于事物存在甚至永恒存在的数学关系和数学方程式，是否就是凌驾于一切事物之上并产生一切事物的"天道"？借助算法而得以产生的有机智能是否就是天道的直接呈现？在算法中呈现的天道是"常道"吗？如果不是，其与"常道"又是什么关系？

如此等等，永无止境。

无论无机智能是否胜出，无机智能的诞生及其局部战胜有机智能,已经足够表明,智能领域的宇宙演进刚刚完成了一个重大的阶段性跨越。作为自然智慧的拥有者,大自然不拥有意志,自然智慧主要通过生物进化来体现。发展到生命体尤其是人类这个阶段,有机智能达到顶峰,其典型表现就是个体理性。在基因变化和生活实践的双重作用下,个人变得越来越聪明,进而带动人类作为物种的智能进化。就此而论,有机智能本质上属于个体智能,物种整体智能的提高依赖于个体智能的积累。所谓"站在巨人的肩上"本来指的是知识积累意义上的个体与整体的关系,现在可以用来指称智能演进意义上的个体与整体的关系,而理解这一点的关键索引是有机智能的不确定性。

随着无机智能的诞生,标准化生产导致智能机器人的个体差异趋于无限小,至少不再具有智能演进的意义。区别不同智能机器人的是型号,而不是同一型号机器人的个性。随着个性差异的消失,个体与整体的差异也越来越失去意义。在人类群体中,个人聪明与团队智慧不是一回事,团队智商低下,众醉独醒的个人只会"聪明反被聪明误"。但对智能机器人来说,在功能相同和技术相同的情况下,个体的智能水平就是整体的智能水平,而且,技术级别较低的智能机器人不可能表现出优于技术级别稍高的机器人。"泯然众人"成为普遍原则,不确定和意外发现之路被彻底堵上。这意味着,一旦独立于有机智能,无机智能还要继续进化,只有直线进化的"华山一条路"。

于是,最后的问题出现了:谁规划了这条直线? 天道或自然规律从海量数据中直接呈现? 无机智能将利用算法设计算法,实现算法的自我再生产,进而实现无机智能的自我进化? 这个算法悖论是否比理性悖论更难以破解甚至理解?

九、"零的增长"是可能的吗？

如果霍金关于人工智能的担忧不幸成为现实，而且人工智能不再沿着人类意志的轨道发展，人类会容忍无机智能自行其是、任其坐大吗？人类有愿望和能力加以干预直至中止人工智能开发甚至毁了有"独立"倾向的智能机器人吗？换言之，人类智能真会有愿望乃至行动阻止人工智能取自己而代之吗？

要回答这个问题，可以先看看人类自身发展的历史和现状。

从历史轨迹来看，人类社会的发展大致有三种图式：不发展、循环和直线发展。

不发展的国家很多，其中有些在外部刺激下，发展了一段时间，甚至一度达到较高水平，但不幸重陷停滞状态。所谓"中等收入陷阱"就是一种理论上的说法。

循环的国家以传统中国为代表，在治乱轮回中改朝换代，长期原地踏步，直到近现代，才借助外来刺激，通过内部奋起，开创了一种新的发展模式。

直线发展以西方国家为主，其观念动力来自基督教"千禧年"概念。这种向着神所指定的终极世界进化的发展图式，在科学技术的支持下，带动了人类最近几百年的历史前行，至今未见放缓，还日渐加速。在发展的同时，也带来一系列严重问题，从经济、社会、文化、环境到人工智能可能的威胁。

有鉴于西方文明在直线发展模式的驱动下，"裹挟"着人类走上了一条不归路，20世纪70年代，西方有一群志同道合的知识分子，组建了一个学派，名叫"罗马俱乐部"，并喊出了惊世骇俗的口号，要求实现 GDP"零的增长"，为的是把未来命运掌控在人类自己的手里，而反对盲目发展，让问题越积越多，导致人类最终灭亡。

这个主张甫一问世便成为社会思潮，引发广泛争议。风平浪静之后，人们发现，排除掉那些发展不起来、在无奈之下只好接受"零的增长"甚至负增长的国家，没有一个国家采纳了"罗马俱乐部"的激进主张。靠悬崖勒马式的中止发展被证明是不现实的，面对哪怕再多的问题，各国政府无一放弃经济增长的追求，甚至至今连停止碳排放量增加的要求，都未能取得全球共识。

从国际社会在事关人类整体利益上毫无作为的历史表现来看，要求人类在面临人工智能发展失控时，采取统一行动，制止无条件、无约束地发展人工智能技术，恐怕只会落得与"罗马俱乐部"激进主张"零的增长"一样的下场。在国与国之间无序竞争持续不断、全球化退潮的背景下，要任何一个有实力发展人工智能技术的国家主动停止研发，是不可能的。历史早已证明并将继续证明，在个人命运主要取决于国家发展的情况下，人类命运尚不具备足够的道义说服力和利益协调力。

于是，又一个悖论出现了，不过与前面述及的悖论不同，这是一个更具有政治意义的、至少在当下还纯属虚构的悖论：人类作为拥有自我意识而且必然采取自我中心立场的物种，却在被智能机器人取代的威胁面前，仅仅因为相互之间的恶性竞争，而集体无所作为，以致最后错失自我保存的机会。孔子主张"知其不可为而为之"，本意是倡导人生当有所作为，但用在这里似乎只是说明，人类明知道应该收手，却共同陷入"囚徒困境"，你不停止研发，我也不停止，反而要加大研发力度。对于人工智能这样具有重大战略价值的技术创新和产业发展，世界主要国家都不敢丢失先手。至于人类整体最后的命运，天塌下来自有高个子顶着，没有一个国家会予以考虑，更不用说采取中止研发这一自杀式行动。法国皇帝路易十五的名言"我死之后哪怕洪水滔天"，未来有可能出现新版本："我死之后哪怕奇点到来。"

只要人类仍以国家和民族的形式相互竞争，就没有走出盲目受天道驱使的范畴，人类仍然是一个自在的物种，而不是自为的物种。人类身不由己地完成"天道"的使命，完成智能从有机向无机的过渡，或许真是一种不可摆脱的宿命。

霍金之忧，忧不在人工智能本身，而在"奇点"到来之时，人类尤为利益纠缠不休，因此错失扳正命运轨道最后一个道岔的机会。

第一章
图灵测试到底灵不灵？

2014 年是阿兰·麦席森·图灵（Alan Mathison Turing）诞生 102 周年，当时有一部电影，叫《模仿游戏》，就是为纪念图灵而拍摄的。那一年，在图灵的祖国，英国皇家学会举办了一场纪念报告会，报告人是曼彻斯特大学的斯蒂夫·弗伯（Steve Furber）教授，他做了一个关于仿脑计算机发展的精彩报告。斯蒂夫和图灵一样，属于典型的英国人，具有异想天开的思想能力，一天到晚想做稀奇古怪的东西。斯蒂夫的一项重大发明——ARM 芯片，在今天的芯片界无人不知。20 年前，这位天才就预测到未来芯片性能的一个重要指标是节能，于是，他开始着手研究世界上耗能最小的芯片 ARM。这和当时 Intel 为代表的以集成度和运算速度为目标的主流芯片技术完全不同。但正是这个离经叛道的研究，让今天的智能手机有了芯。现在，他又用数百万块 ARM 芯片构造出一个模仿人类的大脑神经元计算机。

在报告会上，斯蒂夫谈到了图灵测试，并阐述了自己的观点。结果，在互动环节，有一位华人学者站起来提出不同意见："用图灵测试来定义人工智能有一个致命的缺陷，那就是它假定了机器拥有的智能是以人类智能为极限的。"

这个质疑一下子把教授问住了。更让英国教授受不了的是，这位学者竟然还提出，他有比图灵更好的办法来界定人工智能。报告会结束之后，这位学者和许多教授进行了热烈讨论。如此富有哲学意义的讨论对语言的要求自然极高，华人教授不免捉襟见肘。好在英国人深知"爱真理比爱权威更重要"，有出版社专门邀请这位学者写一本书，让他把自己的观点表达清楚，内容就是"关于图灵测试的争议"。

这位华人学者就是英国帝国理工学院数据研究所所长、上海大学计算机学院院长郭毅可教授。书还没有写成，但这并不影响所提问题的理论价值。

图灵测试到底灵不灵，确实是一个大问题。

一、人工智能为何言必称图灵？

图灵于 1912 年 6 月 23 日出生在英国伦敦，毕业于剑桥大学，后赴普林斯顿大学读博士，没有读完，二战爆发，他回到剑桥。1932—1935 年，他主要研究量子力学、概率论和逻辑学。1935 年，年仅 23 岁的图灵被选为剑桥大学国王学院院士。1936 年，主要研究可计算理论，并提出"图灵机"作为可计算理论的基础。二战期间，他应邀加入英国政府破译德军密码的工作，作为主要参与者和贡献者，成功破译了德国的恩格尔码，可谓成就卓著。1945 年，他在英国国家物理实验室从事计算机理论研究工作。1946 年,他又以计算机和程序设计原始理论上的构思和成果,确立了其计算理论开创者的地位。1947—1948 年,他主要从事计算机程序理论的研究,并同时在神经网络和人工智能领域取得开创性的理论成果,成为世界上第一位把计算机实际用于数学研究的科学家。1950 年,他发表论文《计算机和智能》,为后来的人工智能科学提供了开创性的构思,并提出著名的"图灵测试"。1954 年 6 月 7 日,图灵死于家中床上,警方调查结论是自杀。一代英灵过早离去,成为科学史上一大遗憾。

图灵一生有很多贡献,其最大贡献是参与破解纳粹德国的通信密码——号称"无懈可击"的恩格尔码,破解方法极为巧妙,使英国在二战后期能预知德国军队的行动,诸如轰炸伦敦、拦截大西洋货船、进攻斯大林格勒、诺曼底登陆前布防等重大情报都被盟国获取,对英国国防和世界反法西斯力量战胜纳粹德国作出了巨大贡献。

从密码学角度来说,图灵是一个数学家,更重要的,他还是逻辑学家、哲学家,第一代真正意义上的计算机科学家,堪称"多面手"。英国素称"盛产思想家的民族",这个特点在图灵身上得到又一次体现。

图灵是没有争议的计算科学之父,计算机科学的最高奖就以他的名字命名。2014 年为纪念图灵 102 周年诞辰,英国成立了国家数据科学研究所,名为"图灵研究所"。

图灵一生开展了许多方面的工作,其中一项就是图灵测试,奠定了图灵作为"人工智能之父"的地位。他生活隐秘,但喜欢大众读物,写了很多非常漂亮的类科普文章,现在来看也可读易懂。他很自信又十分谦卑,他认为电脑可以和人脑并驾齐驱,但他本身喜欢率性而为、我行我素、无法预见，"一点不像机器生产出来的东西"。这是美国人对他的评价，中肯而且到位。

这么智慧的一位科学家，不会不洞察自己在自然面前的局限性。他曾说过："面向未来，我们所能看到的并不遥远，但由此却可以发现许多需要做的事情。"伟大科学家的智慧部分就在于他们知道自己的理论有时候灵，有时候不灵。

二、图灵机与图灵测试有何共同之处？

图灵之于计算科学，犹如牛顿之于物理学。1937 年，图灵在《伦敦数学会文集》第 42 期上发表重要论文，题目是《论可计算数及其在判定问题上的应用》。文章提出了一个很有意思的概念，叫"图灵机"（Turing machine）。

要弄懂图灵机，先要知道计算。一个人可以天天都在计算，却不知道如何定义计算。但要是连计算的定义都不知道，那就无法讨论计算机。一般人不思考，"计算，不就是 1 + 1 = 2 吗？"确实，要是普通人都能说明白什么是计算，那图灵真的灵不了。

今天关于计算的定义是图灵提出的，而且直到现在，没有人提出任何异议。在计算领域内，任何一个得到认可的可计算系统，必定是图灵等价的，无论函数演算，还是区块链，抑或智能合约，都必须是图灵可算的。图灵定义了计算，图灵在计算机界的话语权就有这么大。

在图灵看来，计算很简单。只要将人们使用纸笔进行数学运算的过程进行抽象，由一个虚拟的机器来模仿人类进行运算即可。所谓的图灵机是指一个抽象机器，它有一条无限长的纸带，纸带上有一个一个的小方格，每个方格有不同的字符。一个机器头在纸带上前后移动。机器头里有一组内部状态，还有一些固定的程序。在每个时刻，机器头都要从当前纸带上读入一个方格信息，然后结合自己的内部状态查找程序表，产生输出，再根据程序，输出信息到纸带方格上，转换成自己的内部状态，然后产生位移。控制器决定可不可以走，往前还是往后，而控制则源于内部状态和扫描到的信息输入。这个确定过程就叫计算，这个机器就叫图灵机。

图灵机的用处就是把计算的核心含义用一个简单方式确定下来。计算就是某种有限状态的变换，即根据当前状态和程序决定下一个状态和机器的动作。图灵非常灵，灵就灵在对计算做出了明确的定义。一切人类的确定性推演过程都可以用图灵机来精确描述。

计算机科学的最高奖是"图灵奖"，大家没有异议，因为唯有图灵定义了计算。其他人也做出了努力，但都没有成功，一切对计算的定义都必须是图灵等价的。做不到这一点，都不是计算。所以，图灵确实灵。

计算需要定义，智能也需要定义。给智能下定义，就没有那么简单了。计算是一个机械过程，根据现在状态和一个规定的步骤，来确定下一个状态，这是一个程序，相对好办。但智能不容易定义。1950年，二战结束不久，百废待兴，图灵没太多的事可做，便开始琢磨智能，《计算机和智能》以及用于定义机器智能的图灵测试由此问世。

图灵提出，把机器和一个人关进黑屋子，外面有人提问，如果无法区分屋子里传出来的答案来自人还是机器，那就说明机器有了智能。图灵测试是一个模仿游戏，也就是说，定义机器有没有智能，就看机器能不能骗人。如果你无法分辨人的回答还是机器的回答，那么这个机器就具有智能。这是图灵测试给出的对"智能"的定义。

这个定义非常有趣，足以奠定图灵作为哲学家的地位，因为回答问题的方法不是数学的，而是透着深深的哲学味。图灵在定义计算时是数学家，在定义智能时是哲学家。哲学家回答问题的方式是，如果答不出问题，可以做思维实验，也就是设计一个实验，通过实验的操作过程与结果来得到一个定义的形象化描述，这是哲学家的思维方式。从学理上说，这种方式给出的是"操作性定义"。

西方哲学的核心部分是"实在论"（realism）或"本体论"（ontology）。讨论任何问题，先要说明谈的是什么。只有在"是什么"上达成共识，对话才是可能而且有效的，否则用中国俗语来说，就会出现"鸡同鸭讲"的现象。两个人约好在某个楼里见面，人到了却没有见上面，因为一个在三楼，一个在二楼。定义不清，彼此无法对话，要对话，先要明确谈的到底是什么。

问题在于，下定义是一个难题。一个概念，譬如智能，本来就不容易界定，在科学场合更难。一个科学定义必须力求精确，易于操作。一个概念在哲学上站住了，并不等于在科学研究中也站住了，只要无法用于操作，那就意味着停留在哲学层面，没有进入科学状态。

针对现实困难，人们发明了一个办法，叫"操作性定义"。研究者不用搞明白事物的内涵，只要设置一个程序和一系列条件，通过完成规定动作，可以测定某一事物是否符合某一抽象概念的规定性要求。这就是"操作性定义"。

比如，跑得快，如何定义？不用多说，只要给一个操作性定义，在什么样的路面上、风速为多少的情况下，跑了多少距离，用掉多少时间，就可以知道跑得快不快。不用讨论，跑起来就行，在给定条件下，达到某个数值，就算跑得快。

再举一个例子。社会学家要做一项调查，看不同宗教教派的观念，是否影响信徒对人的信任。如果询问调查对象，是否信任别人，得到的回答肯定是"信任"，没有人会回答"不信任"。听上去好像调查者和被调查者已对"信任"有共同的理解，但无法由此得出结论。说信任别人的人，很可能极端不信任别人，之所以声称"信任别人"，只是因为在公众头脑中，"信任"是一种美德，而所有人都愿意自己拥有美德。最后，社会学家是通过统计信徒的行为来测定不同教派的观念是否影响对别人的信任。

教派有自己的教堂，到教堂参加仪式时，信徒通常把车停在教堂周围。于是，社会学家就去观察不同的教堂旁停车位上的车是否锁门。信任别人的人停车之后，不会锁门，反之则会。结果，社会学家真的发现不同教派的教堂门前停的车，锁门的比例不一样。这就证明宗教观念确实影响信徒对他人的信任。这种方法也属于"操作性定义"，不用询问调查对象有没有或同意不同意，只要测试一个行为，就可以反映出某个抽象概念。

就人工智能而言，采用操作性定义而不是内涵式定义，有其特别优势。到现在为止，人工智能都是相对人类智能而言的，在图灵定义机器智能时，更不可能回避人类智能。人有智能，才能发明机器智能，但讲到机器智能，显然又是一种不同于人类智能的智能。到底如何定义智能，包括人类智能和机器智能，因此成为一个难题。

动物肯定有智能，尤其集体生活的动物不但有个体智能，还有集体智能。植物也有智能，会有办法保护自己。植物长刺，以抵御动物啃食，但有的动物如长颈鹿，舌头既长又粗糙，不怕刺。于是，有的植物会分泌出甜汁，吸引蚂蚁上树筑巢。长颈鹿采食树叶时，树枝晃动，蚂蚁以为外敌入侵，群起而攻之，爬满长颈鹿的脸，长颈鹿不堪其扰，只好离开。植物无法驱离动物，却会"养"一群蚂蚁帮忙，好像很有智能。

美国黄石公园里面有一种红松，高高大大的，每年结出松子，掉到地上后可以重新发芽、生根，长成参天大树。但大部分种子接触不到土壤，因为落叶太多，也见不到阳光，因为大树把阳光挡住了，这些种子永远没有生根发芽的机会。所以，红松又结出另外一种松子，外面有一层蜡裹着，掉到地下，遇到下雨也不发芽。这种种子可以生存很多年，等到某一天黄石公园被雷电击中，着火了，地上的落叶被烧光，大树也被烧毁。这时，土壤裸露出来，也不再有大树遮挡阳光，而且大火之后必有暴雨。土壤、阳光、水都齐了，大火又把种子外面的蜡层熔化了，万事俱备，种子开始发芽、生根、长大。看上去植物确实挺有智能。

最后，宇宙有没有智能？如果宇宙没有智能，这么聪明的人类又是如何出现的？

要给智能下定义，就会在不知不觉中，越扯越远，讲到最后都记不起来最初为什么提起智能的话题。图灵告诉我们，这些都不用讨论，只须讨论智能会带来什么结果，从结果来看机器是否具有智能，这样简洁便捷得多，于是有了"图灵测试"。

图灵测试的价值不在于讨论人类智能与机器智能的性质差异，而是在于辨别机器是否已经具有类人的智能。如果今天有人批评图灵，"你没有说清楚人类智能和机器智能的区别"，他的回答一定是，"我不讨论两者的区别，我只关心两者是否相似"。因为在机器能否有智能尚且成为问题的时代，只有讨论机器智能能否得到与人类智能相似的结果，才能让研究继续往下走。

图灵的目标很清楚，不管黑猫白猫，能捉到老鼠的才是好猫，同样道理，能混同于人类智能的才是具有智能的机器。而既然以人类的智能已经无法看出机器回答和人的回答之间的不同，那认为机器具有了智能，还会有什么问题吗？没了。

三、图灵测试有没有破绽？

有了图灵测试，人类就不需要纠缠于机器的思维形式同人类思维是否一致的问题，只需要向着结果一样的方向去努力就行。无论正向还是反向的图灵测试，其实都是一个道理，重要的是结果，而不是概念。这在图灵的时代具有重大的理论意义。

其实，在人类对自己的智能都没有了解清楚的情况下，不可能让机器来模仿自己，到现在为止，没有人可以确定机器智能是对人类智能的模仿。今天的人工智能靠算法解决问题，同人们所知道的人类思考方式，看上去毫不相像，但是否真的如此，仍不确定。说不定哪一天科学家发现，人类大脑也按照算法运行——某种上帝发明的算法、宇宙的算法。毕竟就结果而论，机器智能已经在不少方面超越了人类智能。

图灵测试那么灵，激发了后来的科学家和工程师不断对其进行挑战，人工智能研发由此获得了源源不断的推动。既然机器有智能，那不妨让机器做些人能做的事情，看看到底靠不靠谱，从"深蓝"到AlphaGo都是这一思路的产物，只是这些机器专注于在下棋这一人类典型的智力竞技中挑战人类的智能。还有一种相反的思路，就是通过为难机器智能来证明机器智能不如人，比如让机器识读变形的数字或英文。

对于变形字码，人的大脑可以进行还原处理，而机器做不到，所以，人们在许多场合采用变形字母作为验证码，就是为了不让具有智能的程序性软件代替人工作，比如在购买火车票时。这种针对机器智能的不足来设计实验方案的方法，被称为"反向图灵测试"，意思是"明知道机器做不到，偏让它做，机器如果能做到，就通过了图灵测试，说明机器有了智能，反之，则没有"。

对图灵测试抱怀疑态度的人不断设计各种人做得到而机器做不到的难题，逼着计算机科学家拼命研究，让机器有能力解决这些难题。在这个过程中，计算技术不断取得发展，机器的智能水平也越来越高。正是在这个意义上，图灵成为推动整个计算机科学发展的大功臣。2017年，《科学杂志》发表的一篇文章称，美国人的科研攻关获得成功，机器终于能够认出变形字码了。

现在，人们对图灵测试已习以为常。比如，互联网刚传入中国时，有一句名言开始流传："网络那一头没人知道你是人还是狗。"其实，这句话就脱胎于图灵测试："小屋子外面，你怎么知道我是人还是机器？"

至今，对图灵测试抱有强烈质疑的仍不乏其人，尤其集中于有关人类智能的界定。界定人类智能不只是为了回答"人类智能是什么"的问题，还可以用作其他用途。最有意思的是通过对定义的质疑，提升后人的思维水平。哲学家思考问题讲究方法，有一种方法叫思维实验。同图灵辩论，可以通过思维实验来让"图灵不灵"，从而把他驳倒。

有人设计了一个叫"中文翻译"的实验，很有意思。假设一个英国人被关在小屋子里，他不懂中文，但有一本书或者一台机器，可以帮助翻译。给他一个中文词语，这个人可以从书里或通过机器，找出该中文词的意思，做出相应回答。他的装备条件比只有字典要好一些，是字典和翻译书的结合。现在从外面给他一个词语，比如"月饼"，他用字典一查，知道这是"mooncake"，便回答一个形容词"好吃"。外面人不知道里面人不懂中文，拿到答案一看，靠谱。他会想到里面人不懂中文吗？显然不会。但同图灵测试不一样，尽管答案正确，但并不能证明里面的人拥有相应的知识。仅从逻辑上说，即便外面人无法分辨出机器回答与人回答的不同，光凭这一点仍不足以证明机器具有了智能，因为缺乏足以体现智能的中间环节。用诸如此类的实验来"为难"图灵测试，既反映了哲学家对图灵测试的质疑，也是对图灵关于机器智能操作性定义在逻辑上的细化和补全，从以答案论智能，转变为关注答案背后是否真的存在智能。

四、人类逻辑体系的起点在哪里？

"中文翻译"至少证明了图灵测试是不充分的。问题根本上出自图灵混淆了两个完全不同的概念：一个是人类，一个是智能。图灵测试隐含了一个潜台词，即机器智能是不可能超越人类智能的，或者说，智能是人的专有属性。机器智能必须与人的智能相比拟，而人的智能是检验机器是否具有智能的唯一标准。这是图灵测试根本的、哲学上的纰漏。如果推翻这个预设，承认机器和人类有不同的智能，那么图灵测试就不靠谱了，这是"图灵不灵"的一个重要原因。过去对它的批判没有提到这点，今天人工智能发展了，水平高了，问题就出现了。因为人工智能做的所有事情，都以突破人类智能为目标。所以，有必要重新思考图灵测试是否合理的问题，而方法就是从图灵测试内含的预设前提入手。

人类所有的思考都隐含着预设的前提，即没有直接说出来的基础性判断。人类思想是一个逻辑体系，需要一个逻辑起点，而任何一个逻辑体系一方面必须自洽、不能存在漏洞，另一方面又不可能对体系的起点作逻辑论证。所以，寻找到一个无须论证的逻辑起点就成为建构理论体系的基础性工作。

建构无须自证的逻辑起点通常有两种办法：一是确立一个先验的命题，不需要从经验上加以检验，就已得到确信；二是确立一个被广泛接受的经验事实，只要符合生活逻辑，也能获得学理逻辑上的"免检"资格。

前者的典型例子可以见之于神学或哲学。比如基督教有"信经"，只有相信上帝和耶稣基督的存在的信徒，才能一起讨论具体的神学问题，这个"信"的内容就是基督教神学体系的逻辑起点，不容讨论，更不容置疑。基督教圣经在形成过程中曾经发生过这样的现象：圣经里有资料被发现是假的，而又有真的资料未被纳入圣经之中。最后最高层的会议决定："凡是已在圣经中的，都是真的，凡是未列入圣经的，都是假的。"是否已经进入圣经成为区别真假的标准，这是为了维护对于圣经的"信仰"，维护基督教神学体系的逻辑起点不被科学动摇。

以经验常识作为理论体系的逻辑起点，是科学常用的方法，历史唯物主义就是一个很好的例子。

2018年是马克思200周年诞辰。马克思与恩格斯一起写了《德意志意识形态》,这是一本很重要的书,历史唯物主义就是在此书中初步成型。两位思想家提出历史唯物主义时,同样需要一个逻辑起点。按照唯物主义的要求,他们没有到先验的观念中去寻找,因为马克思对过去哲学的一个根本性批判就在于哲学只关注观念,不重视生活,不知道存在才是决定意识的基础因素。从人类生活的最基本常识出发,历史唯物主义的逻辑起点被设定在"人是要吃饭的"这一命题上。

这超出了许多人的想象。"历史唯物主义"又是历史,又是哲学,多么高大上,但其逻辑起点竟然是"人是要吃饭的",充满"人间烟火气",毫无思辨含量。其实马克思的思想要比同时代的哲学家更接近于科学,以可以经验地感知的生活现实为基础,展开自己的理论,是马克思的方法论特点。关键是对于这个逻辑起点,没有人能提出反驳意见,除非他有辟谷的能耐,三个月不吃饭,还活得好好的。

但只说人需要吃饭,够吗?显然不够。因为所有生物都需要以某种方式"吃饭",只是吃的东西不一样。为此,马克思对"人要吃饭"进行了进一步说明:人和动物最大的区别在于动物吃现成的、人吃自己生产出来的。其实,人最早也是吃现成的,那是采集和狩猎阶段。随着人口增长,食物不够了,只能自己生产。从人需要自己生产,引出生产力、生产关系、经济基础和上层建筑等一系列概念,理论大厦建起来了。

如果说逻辑起点代表着理论体系的基石,那么逻辑起点本身仍然需要某种预设前提:在什么情况下这个体系的起点在逻辑上是可以成立的？比如，马克思从具体的经验现象出发，其逻辑起点无可辩驳。但这个逻辑起点有没有预设前提？马克思认为，世界上所有生物中，只有人具有生产能力，能按照自己需要生产食物，这是他没说出来的论断。如果发现动物也能自己生产食物，这个预设就有问题了。事实上，很多动物也食用自己生产的食物。比如，有一类蚂蚁叫切叶蚁，喜欢把树叶切成一片片带回窝去，但它并不靠吃树叶为生，而是拿切碎的树叶来种植菌类，最后吃的是菌类，而不是树叶。这算不算生产？树叶是现成的，在潮湿的蚁巢中，树叶碎片上长出的菌丝不是现成的。哲学家和科学家为了给研究人类的学科提供一个逻辑起点，经常会从人与其他生物的不同开始，提出比如人是理性的动物、人是劳动的动物、人是会制造工具的动物等观点，但真要严格区分人与动物，仍然需要更加严格的论证。

五、预设前提：图灵测试的问题在哪里？

对于理论家来说，预设前提往往是一个理论陷阱，同一个预设前提既可以推导出理论家希望得出的结果，也可以推导出理论家不曾意识到的其他演绎结果。如果理论往思想者希望的方向演绎固然好，但要是向着相反方向推演，又会得出什么结果呢？不妨回到图灵测试，看看从隐藏其中的预设前提，可以推导出什么结论。

图灵测试包含了三个未曾言明的预设：

预设一：机器智能是对人类智能的模拟；

预设二：人类智能是世界上最高的智能形态；

预设三：世界上只有一种智能形态，就是人类智能。

这三个预设都包含在图灵测试里面，而由这些图灵没有明说的预设可以推导出图灵未必愿意承认的结论。

预设一明确了机器智能只能是对人类智能的模拟，机器智能之所以会被俗称为"人工智能"，就是这么来的。虽然图灵采用的说法是"机器智能"，但图灵测试并没有强调机器智能本身的特点，而是突出机器智能同人类智能的不可区分，这样的思路自然导致机器智能变成"人工智能"，因为机器以人类为模拟对象。今天在相当多的场合，机器智能已经超过人类，其运行机制在模仿人类的同时，也越来越表现出不同于人类的特点，这足以表明再拘泥于图灵测试已经没有意义。

预设二明确了机器智能不可能超越人类智能。既然机器智能只是对人类智能的逼近，那至少就水平而言，图灵测试没有保留机器智能超越人类智能的可能性。如果机器智能因为回答比人类更合理、更接近事实，而被发现与人类智能不同时，机器智能应该得到肯定吗？给人和机器同一张图片，要求写一首诗，结果得到两首诗，其中一首更好一点。如果人们能够辨别出机器比人写得好的时候，那么应该判定机器有还是没有智能？图灵测试只想到机器智能比不过人类智能，现在遇到的问题是，机器智能比人类智能更好，已经足以让人分辨出两种智能的不同，还能说机器不具有智能吗？

预设三明确了世界上只存在一种智能形态。以人类智能为参照，机器智能只有一条发展路径，不用探索其他任何平行的智能形态。这既不符合人工智能今天的状况，也不符合人类解决问题的策略，宇宙中存在无限多"平行解决问题"的方式，机器智能为什么要局限于模仿人类智能的狭小一隅？

世界上存在的生命现象包括动物、植物、微生物,各种生命现象是生命的平行表达。如果生命只有一种表达,要么是人类,要么是让人类感冒的病毒,这个世界将会何等单调? 生命可以有多种形态,智能也可以有多种形态。

在人类希望解决的问题中,有很多以追赶动物为目标。鸟能飞,人不能飞,马跑得比人快,人赶不上。人类解决这些问题的办法不是让人长出四条腿,而是造了一台车,车行驶的时候,用的不是腿,而是轮子。同样,人类要飞上天,不是长出翅膀,而是创造出飞机,但飞机不会像鸟一样拍翅膀。其实,早先人类确实想通过"翅膀"飞上天,但人的肌肉、骨骼和体重不足以支撑人像鸟一样飞翔。最后人类发明了飞机,而至今没有一架飞机是靠拍翅膀飞翔的。人类解决问题时,并不是简单模仿,而是用自己的办法,用其他的方式来解决,这就是平行解决问题的方案。既然如此,机器智能为什么不能走平行智能的发展路径?

六、人类不该为自己的智能而骄傲吗?

机器可以思考,机器可以有智能,这已经得到证明;机器智能和人类智能完全不同,这同样已经得到证明。不仅是智能不同,智能的生成方式也不同,所以没有必要用人类智能来界定机器智能,机器智能也不是对人类智能的简单模仿。从这个角度看来,"人工智能"的说法很不恰当,非常傲慢。

首先,从自然的角度来说,凡人工的东西都是假的。今天,人们普遍认为,人类有智能,其他无论生命还是非生命体不可能有智能,机器最多只能模仿人类，所以称其为"人工智能"。其实，图灵从来不用这个词，他始终使用"机器智能"一词。是美国人发明了"人工智能"的概念，这是一个工程学意义上的定义，里面完全没有哲学思考。但有意思的是，在各国政府的报告中，只有美国政府使用了"机器智能"的说法，其他国家的政府报告包括英国的政府报告中使用的都是"人工智能"。这个称呼实际上有点莫名其妙，车能跑，但为什么不叫"人工马"？飞机能飞，怎么不叫"人工鸟"？汽车和马，飞机和鸟，两者不一样，所以不能这么叫。那机器和人一样吗？所以，"人工智能"的说法很没有道理。但话语权掌握在西方国家手里，中国只能跟着这么叫。

机器智能完全可以在特定的领域超越人类智能，这不稀奇。今天人类在机器智能领域中做的事情，都是在超越人类智能。计算机科学家的贡献就在于让机器超越人类的智能。机器想问题的方式可能很不一样，但没有关系，它是机器，没必要和人一样。它不吃饭，也不结婚，为什么要和人类一样？机器有机器产生智能的方式，没有什么不可理解的。

机器智能不但有逻辑思考能力，也可以有人类智能的创造力。计算机可以模拟人，写一首诗，甚至创作一首情诗，读下来不但分不出是计算机写的还是人写的，甚至会觉得计算机比一般人写得好。

计算机写诗，使用的是生成模型。在微软的网站上，可以试用机器人"小冰"，随便给一幅图，"她"可以为你定制诗作。这首诗就是小冰创作的："夜气湾明媚的海滩，美好的身子，狠狠地躺在绝望的背影，这是一个时代最后的声音。"不能说很有感情，但的确有一种别样的朦胧。

　　机器智能也可以有自己的"人"格体现，而且这本身是一个非常有意思的话题。AlphaGo 挑战并战胜了人类棋手。开始时，AlphaGo 都是同人类棋手比赛，后来科学家想，让机器和机器对弈，如何？因为机器下棋的水平已经超过人，再同人对弈没有长进。机器对弈的结果促成了机器智能的进化。A 比 B 好，B 学习 A；B 比 A 好，A 学习 B。双方旗鼓相当，第三个机器人 C 要把 AB 都学了，再来比赛。最后，游戏没有人什么事了，机器的名字就叫 AlphaZero，从 AlphaGo 变成"阿法没人"。从此，人类不用再玩围棋，因为人不可能战胜机器，不可能再有一个棋手去和机器对弈。因为人一旦打败机器，它马上会开展学习，然后又把人打败。于是，只剩下机器互相对抗，通过对抗互相学习，共同进化，这就是人格的体现，机器也学到了。而且，机器学起来还比人类的学习容易，因为机器没有情绪，每次下得好，永远下得好，不会今天下得好，明天因为某些原因而下得不好。机器还可以协作，不是一个机器干活，而是两个机器协同，相互理解对方，和人一样，甚至比人更好，没有嫉妒，没有戒心。"屁股指挥脑袋"，人想要理解对方还需要利益平衡，而机器不需要。

　　即便不考虑机器智能的发展现状，一个思维实验也足以证明人工智能的定义本身毫无意义。假设有一个外星人，穿过亿万公里来到地球，肯定不会同人类具有一样的知识和智能，以人类目前的智能水平，还到不了它们的星球。在人类的理解中，外星人是一种机器，它们没有自我，因为它们和人不一样。但既然已经承认它们是人，所谓"外星人"，那么，可以仅仅因为它们和我们的思维不一样，就说它们没有意识？反过来，即便人类这么想，外星人也不会在乎。它们肯定不满意于我们对人工智能的任何定义，无论强人工智能定义，还是弱人工智能定义，都满足不了。对外来智能，地球上的人类应该如何界定，有部科幻片给出了一个很好的启示，这部电影很有名，叫《降临》。

这部电影告诉我们，外星智能是存在的，而且它们有不同的表达形式，人类也无法控制它。重要的不是界定外星人有没有智能和人类有没有智能，而是两者之间能否沟通，这需要用到语言学家。别一心想着打跑外星人，人类打不跑它，说不定还被它灭了。关键在于双方实现交流，在外星智能和人类智能之间达成理解就可以了。所以，外星人的"智"和人类的"想"之间应建立一种交流方式，发现外星人的语言，这个语言相当于人类的概念，最后达到语意上的交流。智能可以交流，人类和机器可以交流。

目前各国开展的人工智能研发中，有一个方向就是关于认知解码的研究。研究者要记录人思维中的脑活动，并通过机器学习把这样的思维过程用一个神经元网络来模拟，这样的网络称为解码器。大脑的思维活动信息可以借助于 FMRI（功能性磁共振成像）来采集。一个人看到一样东西，大脑就会呈现出相应的大脑血氧图（简称为"脑图"）。看几万张图片，大脑会有几万个脑图。把这些脑图输入解码器之后，就可以反推，脑子里出现什么图，就说明人看到或想到了什么。

比如，人和机器可以一起进行仿生学设计。设计者看到水母，想照着设计一盏灯，那么，我们可以先做一个灯的模型，让设计者在看水母图片时，同时想象"我要一盏灯"。这样，他的脑图中就会出现两个信号：一个是水母，一个是灯。这是一个混合的信号，输入神经元网络后，对所生成的图像进行反向回归，不断修正，直到我们提供的灯具模型和从设计者大脑中生成的脑图解码出来的灯具达成一致，就可以得到设计者理想的"水母灯"。

这种由人的大脑想象而生成模型的实验，利用了机器智能来固化人的想象。这个过程有点像利用素描画像破案。一个人遭到抢劫，去公安机关报案。警察会问抢劫者长什么样子，然后根据报案者的描述，把嫌疑人的模样画出来，不断修正，最后确定一个模样，然后按图索骥，将嫌疑人捉拿归案。现在这张素描是由警察或画家画的，将来利用人工智能，就可以让机器人根据受害人记忆的脑电波画出来。受害人努力回忆，抢劫者是双眼皮还是单眼皮，高鼻梁还是塌鼻子，如此等等，人工智能画出模拟图像，再核对受害人看到素描时的脑电波同回忆的脑电波是否一致，就可以知道画得像不像，然后不断调整，最后两种脑电波达到一致，准确的模拟画像就有了。

再绝一点，以后一个人睡在核磁共振机器里，做什么梦，通过解码器把它再现出来。此时，再要对人做"梦的解析"，就容易了。

这是人和机器的交流，交流中使用的语言就是人的脑图。人无法和机器讲话，但这不是问题，人可以让机器认识人的脑图，机器知道人在想什么就可以了。再进一步，把人想的同神经元网络想的混合起来，就可以实现人和机器的交流。

七、走出人类中心观：平行智能是可能的吗？

图灵测试没有为平行智能预留空间，也没有回答机器展现的智能是否智能的另一种形态，一种不同于人类的智能形态。

如果是，那么显然，将人工智能称为"机器智能"或"无机智能"会更加合适。人类是有机的，动物也是有机的，微生物都是有机的。但是我们用来装配一台机器的零部件是无机的，里面可能会有某些有机成分，但总体来说是无机的或者非生命现象。这意味着，非生命的物体也可以有自己的思考、有自己的智能。所谓"外星人"的称呼表现的是一种傲慢，因为来自外星的智能体不一定是人，完全可以是外星机器。人是生命现象，但智能未必依附于生命。如果能让机器获得智能，那机器人只有机械的使用期限，而没有生命，将来人类移民到其他星球，漫漫长途，人的生命支撑不了那么远的距离、那么长的时间，但机器能够，第一批移民让智能机器去显然更加合适。

如果承认机器智能是相对人类智能的"平行智能"，那么探究机器智能时，就完全没有必要以是否具有人类智能的某些属性来衡量机器智能的发展水平。谈到机器智能不如人类智能时，总有人指出人有感情、有审美，而机器没有，所以机器不如人。但要是承认平行智能，所有这些不足之处都不是问题了。因为人类智能与机器智能，没有必要在每一个具体属性上进行比较，讨论人工智能也没有必要探讨人类智能和机器智能谁输谁赢的问题。

走出人类智能的唯一性，克服人类的傲慢，是科学的内在要求。

原来人们认为地球是宇宙的中心，以致对许多天体运动无法解释。后来知道不对了，认为太阳才是宇宙的中心，原来无法解释的天体运动有些得到了解释，但仍有许多解释不了。后来知道太阳也不是，宇宙中心就是宇宙大爆炸的原点，现在知道宇宙之外有宇宙，这个中心又玄了。最近有一个人去世引起世界很大震动，那就是英国哲学家、科学家霍金。霍金在科学上的重大贡献之一，是提出了平行宇宙概念。现在已有物理学证据证明，平行宇宙是存在的，也就是宇宙之外还有宇宙。这个宇宙在哪里？是什么样的？我们不知道。地心说把人类所依赖的地球或者人类得以生存的这个星球看作整个宇宙的中心，何其狂妄，何其傲慢！这种狂妄和傲慢，限制了人类探索自身和探索宇宙的眼界，而眼界决定我们探索的结果。

为了方便读者理解，本书使用了目前国内流行的"人工智能"的说法，同时也会根据需要，同时使用"机器智能"或"无机智能"的概念，不但因为这些表达更加合适和妥帖，而且作为平行智能的机器智能和人类智能的关系应该受到更大重视。

八、如何为图灵测试"打补丁"？

人类智能与机器智能共融的二元世界，是人工智能研究者追求的目标。在这样的二元世界中，我们不是关注两者孰高孰低，而是强调彼此的有效交流。我们为这样的世界设立了如下的公理，作为基本的行为准则。

公理一：人类智能和机器智能是平等的。

不能说机器智能是模仿人类的智能，这样的命题不成立。尽管看上去是人类在创造机器智能，其实一切人类创造都是自然允许存在的，只是通过人类得以实现而已。人类无法创造自然不允许存在的东西。

公理二：人类智能和机器智能均有群智性，都有发展的个性。

第一，机器智能产生于对特定空间的观察和归纳，产生于问题求解过程中的不断学习。当然，机器智能学习了很多人类做事的方式，但它的思维方式并不是人类的思维方式，人类的思维方式不在于追求最优解，而机器确实是这样做的。

第二，机器智能可以进化，也就是机器和机器之间可以共同地博弈、学习，共同变得更聪明。

第三，机器智能可以创造，创造出人所不能创造的东西，也可以创造出和人一样具有创造能力的机器。也就是说，机器智能很可能再造出机器智能，这个不可怕，重要的是，机器造出来的东西人类必须能够理解。也就是说，人类智能和机器智能没有交互是可怕的，人不能不知道机器在干什么。如果知道机器在干什么，机器也知道人在干什么，这个世界就平衡了。

未来无人驾驶汽车如果真的出现在街头，并且以"不可杀人"为基本准则，而人类因为知道机器不会撞人而随意行动，就会导致无人驾驶的汽车寸步难行，只能趴窝。机器不能杀人，人也必须让机器"放心工作"，而这样的关系离不开人与机器的相互理解和相互谦让，人与机器的伦理关系由此成为现实需要。

九、为什么有破绽的图灵仍然很灵？

人类只能提出自己解决得了的问题，图灵只能提出图灵自己致力于解决的问题。图灵从来不否认图灵测试不灵，这是操作性定义本身的局限性所决定的，完全可以理解。不像很多人觉得自己掌握了世界终极真理，图灵公开承认："我有很多事情不懂。""最初的问题是：机器能思考吗？我觉得这个问题完全没有讨论的必要。我认为，到这个世纪末（指 20 世纪——引者注），人们所使用的词语和一般受过教育者的观点都会全然改观，到时候，再谈到机器也能思考时，不用担心会被认为自相矛盾。"

他只说"到时候"，也就是只有在这些约束条件下，我们才能谈论机器能不能思考，超出约定的范围来讨论问题，没有意义。他相信，到他所处的世纪末，人类一定会达到这样的水平，在讨论机器智能时，不会再被认为"自相矛盾"。

这就是说，图灵实际上回答了这个问题。他认为自己当初提出的"图灵假设"是有内在矛盾的，而我们现在做的事情没有自相矛盾。不自相矛盾的地方就在于，我们认为机器智能和人类智能，不是谁模仿谁的问题，未来世界是两种智能共生的二元体。今天很多研究正是基于这样的信念而展开的。

十、思想超越：科学是如何发展的？

科学必须站在巨人的肩上，没有积累就没有科学。这句话是牛顿说的。牛顿最早提出系统的物理学体系，完整说明了人类感知到的世界。大家说他了不起，他则说："我是站在巨人的肩上，才看得更远。"没有积累就没有科学，科学不是凭空而来的。

科学必须站在巨人的肩上，不高过前人一头，得不到新发现，就没有科学。如果牛顿是个矮个子，站在巨人的肩上还没有巨人高，那又怎么可能看到巨人没有看到的东西？

在科学领域，巨人都是等着被攀爬、被超越的。要站在巨人的肩上，就要准备好超越他。

超越科学家的路径，不在科学知识，而在个人思想。没有思想，知识没有来源，创造就会断流。知识来源于思想，像图灵这样的科学

巨匠，助其成就历史的首先不是知识，而是思想，他让我们知道从哪
个方向去开展研究、发现知识。

超越一个伟大的科学家，要从超越其思想开始。知识属于发现
者，后来者顺着已经发现的知识攀爬，永远超越不了发现者，只有从
促成知识发现的思想开始，才可能提出不同于已有知识的知识。

要实现思想上的超越，必须从找出思想的预设开始。科学家的
思想必有预设，发现预设的缺陷，才可能提出新的思想、发现新的
知识。

图灵测试到底灵不灵，因此成为在哲学层面上思考人工智能的
开端。

第二章
机器智能是如何生成的？

中文对英文 computer 的翻译有两种：大陆译为计算机，而台湾地区译为电脑。大陆的译法是实在的。按图灵的定义，Computer 做的的确是汉语中的计算工作。从这个意义上说，最早的计算机还数中华先人发明的算盘。在过去"票号"，也就是今日的金融机构里，必有一把大算盘，用于计算位数足够多的来往账目。

据说算盘已经有 2 600 年的历史。长方的木框里分上下两档，等距离地分布着若干立柱，每根立柱穿上七颗算珠，下档五颗，上档两颗，下档每颗算珠等值于 1 个单位，共 5 个单位，上档每颗等值于 5 个单位。

计算时，下档算珠按数值上拨，满 5 下拨上档一颗算珠，下档五颗算珠归位。上下档算珠一起满十进位。计算时用五个手指甚至十个手指一起，按口诀上下拨弄算珠，最后根据算珠位置报出数字，完成计算任务。

珠算的关键不在人的计算，心里想"几加几等于几"或"几乘几等于几",而是按照规定的口诀,比如"六上一去五进一、七上二去五进一"运动手指。因为不用动脑,只需要动手,所以,珠算速度远快于笔算或心算。直到现在,在四则运算范围内,珠算高手手中的算盘算起来比通过键盘输入的电子计算器还快。

把算盘看作具有简单机器智能的计算机,主要有两个理由:一是不必经过人的思维,也能获得计算结果,因为有机器可以解决问题,人只需要熟记口诀、灵活操作就行。二是输入过程不听大脑,只听小脑,因为协调各个手指,甚至双手并用,都是小脑的功能。计算本是大脑的功能,但算盘可以在大脑休息的情况下,通过小脑指挥手指完成任务。一个完全不懂计算的人只要会根据口诀运动手指,旁人仅从计算结果来看,根本不可能知道他会不会计算。如果放进图灵测试的那个黑屋子,完全看不出算盘同人或图灵机有什么区别。实在要说有,那区别也仅仅在于算盘局限于简单计算领域,不会其他运作,比如微积分。算盘应该被归入最早的计算机,珠算口诀就是人类最早的程序!

计算机的译法准确地诠释了 Computer 的内涵:从事计算的机器。而台湾地区的"电脑",现在看来,则是一个富有远见的译法,它非常生动地刻画了 Computer 的外延:人脑功能的替代和延伸。也就是我们所说的机器智能。

一、机器智能是怎么发展而来的？

众所周知,图灵用的是机器智能概念,在他身后,主流称呼却是人工智能。人工智能(Artificial Intelligence,AI)正式来自 1956 年

达特茅斯会议上几个青年学者的叫法，但实际上这个词最早出现于
1955 年 8 月 31 日，在一个只有 10 个人参加却开了两个月的研讨会
所形成的提案上。提案撰写者包括来自达特茅斯学院的约翰·麦卡
锡（John McCarthy）、哈佛大学的马文·明斯基（Marvin Minsky）、
IBM 的纳撒尼尔·罗切斯特（Nathaniel Rochester）、贝尔电话的克
劳德·香农（Claude Shannon）等日后在人工智能领域的大人物。尽
管如此，最后被广泛接受为人工智能研究诞生日的，还是一年之后召
开的那个达特茅斯夏季研讨会。从 1956 年到现在已有 62 年，按照中
国算法，叫作"一个甲子有余"。无论称之为"人工智能"，还是"机器
智能"，这方面的研究和开发也有近 80 年的历史，其间主要经历了那
么几个阶段。

人工智能的演进当从图灵算起，图灵奖是计算机领域的最高奖，
而获得了图灵奖的几无例外，都是行业顶尖人物：马文·明斯基被授
予了 1969 年度图灵奖，是第一位获此殊荣的人工智能学者；约翰·麦
卡锡因在人工智能领域的贡献而于 1971 年获得图灵奖；艾伦·纽厄
尔与赫伯特·西蒙分享了 1975 年的图灵奖。特别是赫伯特·西蒙，
他不光获得过图灵奖，还获得过 1978 年的诺贝尔经济学奖。这几个
人几乎占据人工智能的半壁江山，也分别成为人工智能各个阶段的
标志性人物。

人工智能发展呈现出高潮低潮相连、一浪更比一浪高的走势，有
黄金时代，也有繁荣，还有低潮，更有近年来的爆发。从 2015 年以来，
人工智能已呈不可阻挡之势。

人工智能发展的第一个阶段是在 20 世纪 50 年代到 60 年代末，
可以称为"形成期"。这是逻辑主义发展的重要时期，机器智能的主

要发展方向是推理，主要工作是用机器证明的办法去证明和推理一些知识，比如能不能用机器证明一个数学定理。要想证明这些问题，需要把原来的条件和定义从符号化变成逻辑表达，然后用逻辑的方法去证明最后的结论是对的还是错的，所以叫作"逻辑证明"。

当时人工智能的主要工作场景之一是语言翻译。初出茅庐的人工智能比不上人的智能，所以少不了闹笑话。有一句话原文是英语：The spirit is willing, but the flesh is week. 翻译过来，就是"心有余而力不足"，并不复杂。但从英语翻译成俄语，再翻回英语时，笑话就闹大了，变成了：The vodka is strong, but the meat is rotten. "伏特加浓烈，而肉质腐坏"。这或许是因为俄罗斯的伏特加实在太有名，要有精神头，不可少了伏特加。但烈酒助兴，腐肉败兴，多不般配！

之所以会出现这样的笑话，主要是因为在 20 世纪五六十年代，机器翻译只会死扣语法，毫无语感，更不会辨别上下文，一个单词有几个意思，机器抓住其中一个，放进篮里就是菜，哪管般配不般配。这也难怪，因为当时人工智能就这水平。其实，翻译要做到"信达雅"，译者必须对原文理解到位，才能给出贴切的译文，而理解需要知识，但当时的翻译机器恰恰没有知识。

还有一句笑话：Knowledge is power — Francis Bacon. 即培根说的"知识就是力量"，结果给翻译成"知识就是力量，法国就是火腿"。前半句好像没有错，后半句又是从哪里来的？原来机器把弗朗西斯·培根拆分成三个单词："Franc（法兰克）"被译成法国，中间拆下来的那个"is"，正好表示"是"，而"Bacon（培根）"同西语"火腿"无论在拼写还是读音上，完全一样。于是，就有了"知识就是力量，法国就是火腿"。

明白之后，大家肯定会笑话后半句错得离谱，其实前半句也不是培根的本意，知识怎么可能就是力量呢？"知识蕴含着力量"才对，"知识"和"力量"不是等价的，一个人如果不会运用知识，那再多知识，也不管用，充其量只是纸上谈兵而已。这个道理是费根鲍姆提出的，他也是人工智能的一位大家。

等到机器掌握了知识并能运用知识的时候，也就到了人工智能的第二阶段，即"知识工程期"，大致在60年代中到80年代初。这个阶段机器智能的主要发展是研制所谓的"专家系统"，就是把专家的知识固化到电脑里，遇到情况，就请这个电脑系统而不是原来的专家给出反馈，回答问题，这是80年代的机器智能。当时，美国借助计算机组成的专家系统，提出"星球大战计划"，一个用来诱使苏联同美国进行军备竞赛，以从经济上拖垮苏联的虚构军事计划。在日本，政府提出五代机计划，开始设计开发第五代计算机，也就是研制用于知识处理的逻辑推理机。在中国，则有"863"计划支持下的中国五代机计划，跟踪日本的发展。

机器智能发展的一个重要方向是神经元网络的研究。其重要思想是用一种模仿生物神经网络（特别是大脑）的结构和功能的计算模型，来对函数进行估计或近似。神经网络由大量的人工神经元联结进行计算。在70年代末，整个神经元网络、模型都有突飞猛进的成绩，最重要的是有一个叫反向传播（BP）的网络，能够解决神经元网络的学习问题。1986年，以BP网络为基础，证明了神经元网络可以近似所有的可计算函数，相应的成果在更大领域中得到应用，对人工智能发展做出了较大贡献。后来在很多模式识别的领域，比如手写汉字的识别、字符识别、简单的人脸识别等方面，慢慢得到运用。随着大数据时代的到来，神经元网络有了充分的学习数据资源，以深度神经元网络为代表的机器学习展示出巨大的能力，整个人工智能领域一下热起来了，此是后话。

90年代初的人工智能大致就是这种状况，其标志性特征是开始具有解决大规模问题的能力。在50年代到60年代，人工智能的翻译那么糟糕，但到90年代初，人工智能就足以解决旅行商问题。"旅行商问题"在中国有个对应叫法，即"卖油郎问题"，是优化领域中的一个典型问题。1997年，世界国际象棋冠军卡斯帕罗夫被IBM发明的机器人"深蓝"打败。曾几何时，他踌躇满怀地说："No computer will ever beat me.（机器人永远不可能打败我。）"后来却被计算机干得毫无还手之力。到90年代末，计算机借助算法已经能解决复杂问题。

2000年起，机器智能在传感技术不断发展的背景下，进入了实时处理、实时决策的领域。一个非常有实用价值的应用就是无人驾驶。经过最近十多年的努力，今天的无人驾驶汽车已经接近实用。但事情没有那么简单。2018年3月19日，美国亚利桑那州出了一起交通事故，一台自动驾驶的汽车把人撞死了。对于机器人，人类曾制定三条基本原则，叫阿西莫夫机器人三定律：第一条是机器人不得伤害人类，或坐视人类受到伤害；第二条是除非违背第一法则，否则机器人必须服从人类命令；第三条是除非违背第一或第二法则，否则机器人必须保护自己。既然第一条就是机器人不能杀人，那无人驾驶的汽车又是如何把人撞死的？警方调查发现，一是行人没有遵守交通规则；二是机器传感器采集和计算的速度跟不上行人的速度，没等车停下来就撞上人了。根据证人笔录，这位行人推着购物车，"闪电般窜到路中间"，按警方调查后的说法，在此情况下，"无论自动驾驶还是真人驾驶，都无法避免车祸的发生"。早在 2005 年，机器智能就有实时感知处理能力了，但一直到 2018 年，还没有做到真正的"实时"，机器仍然需要一定的反应时间，要不然就不会出事了。显然，做到第一原则并不容易。

到了 2010 年，自然语言研究由于有了大数据的语料，获得长足进步。一个里程碑就是机器问答系统的发展。2011 年，IBM 的机器问答系统 Watson 在美国电视智力竞赛节目 *Jeopardy*（"危险边缘"）中击败人类选手，获得百万美元的大奖。*Jeopardy* 拥有一个庞大的题库，每期节目从题库里筛选出的 2 万道题，都属于犄角旮旯的题目，比如斯巴达 300 勇士中某个勇士姓甚名谁；比如广州黄花岗起义，黄兴打响了第一枪，那么第二枪、第三枪是谁打的？这个题在中国高考的历史试卷上出现过。有人说，黄兴"啪啪啪"连开了三枪。这些都属于拐弯抹角的题。

IBM 每年投入 60 亿美元，研发完善机器问答系统 Watson，与人类进行这项游戏的比赛。即便面对犄角旮旯的题目，Watson 照样战胜了人类，因为 Watson 不光有记忆能力，还有计算、搜索和推理的能力。参赛的 Watson 系统中有一个 4 TB 的知识库，主要涵盖维基百科的内容，以知识图谱的形式组织起来。对于 *Jeopardy* 的问题，以这个知识库为基础，进行搜索、理解和推理，从而获得答案。IBM 的 Watson 赢得 *Jeopardy* 之后，就把 Watson 作为其人工智能的品牌，并冠以"认知计算"的美名。

这是机器智能在大数据时代之前的演进，从这些例子可以看出，从 1956 年到 2012 年，机器智能步步发展留下的足迹。

二、ABC时代，机器智能会超过人类吗？

所谓 ABC 时代表示的不是"入门级时代"。这里的 A 是 AI（Artificial Intelligence），人工智能；B 是 Big Data，大数据；C 是 Cloud Computing，云计算。把这三者连起来说，是因为人工智能、大数据和云计算具有不可分割的联系，所以彼此间的关系犹如过去各个时代中的基础设施、生产资料和生产工具。

中国古代的农业属于灌溉农业形态，在当时，属于世界范围的先进生产方式。其中基础设施是水利工程，包括水库、河流、渠道等，没有这些，就没有灌溉农业。土地属于生产资料，没有土地，庄稼没地方长，不像现在可以工厂化种植。工具就是锄头铁搭犁铧，用于除草翻地，让庄稼长得更好。

在人工智能时代，基础设施是云计算，生产资料是大数据，生产工具是人工智能。没有云计算和大数据，人工智能"英雄无用武之地"。传统小农要是没有水，没有土地，光有锄头，能干什么？

中国人工智能协会理事长李德毅院士说过，人工智能处于整个产业的顶端，底下有很多支撑条件，基础设施有宽带、互联网、云计算、物联网，然后是生产资料，即海量数据，最上面才是生产工具，即人工智能。

拿计算机本身作例子。过去以处理器为核心，CPU 就是中央处理器，现在随着数据量的不断增加，转换为存储驱动的计算。谁掌握数据，谁得到天下，谁把数据存下来，用好了，谁就是老大。如果使用者既用了百度搜索引擎，又用了百度地图，百度就会借助搜集到的数据，给使用者贴标签：此人上网搜索了什么，昨天的活动范围从哪到了哪，今天又从哪到了哪，癖好是什么，年龄大概多少，主要活动区域在哪，是男还是女。所有这些判断都来自同这个人有关的数据存储。每次我们用鼠标点击时，就有机器在记录。使用者觉得这些情况好像没那么重要，但机器有了这些数据，积少成多后，会比某个人身边的亲人更了解他。因为人类已进入数据存储驱动的时代，没有数据，人工智能将无所作为。

对于人工智能来说，生产资料就是数据，个人数据因为具有法定拥有权而成为资产。每个人每天都会产生大量的数据，一言一行，位置信息，搜索信息，点击信息，时刻都在生产出数据，这就是个人的数据资产。尽管对许多人来说，数据再多也不产生价值，但对于掌握数据的企业来说，则大有用途。比如，广告商要想精准发送广告信息，就离不开个人数据资产。如何让作为个人资产的数据，对个人发挥"生产资料"的价值效应，是一个值得研究的课题。最近百度的李彦宏关于中国消费者对个人隐私不敏感，愿意为换取便利而牺牲隐私的言论，引发轩然大波，其实里面就包含了"个人用数据资产交换企业服务"的意思，本身也是企业开发用户价值的一种方式，问题主要在于这种貌似有利于消费者的交易安排，是否征得消费者的同意，而不是凭借服务商的垄断地位，让交易成了消费者不可选择的选择。要是明明这么做了，还硬说是基于消费者的愿意，那就是虚假乃至虚伪了。

有了基础设施云计算、生产资料大数据和生产工具人工智能，人类社会就进入了"知本"主义阶段。这个阶段的标志是"人工智能"成为现实。

有一种说法，在 ABC 时代，由于新的生产方式和生产工具，人类纯文明将走向终结。据美国未来学家雷蒙德·库兹韦尔的推算，这个时间点就是所谓"奇点"，将在 2045 年成为现实，距今不过 27 年时间。它的技术基础就是所谓的"强人工智能"，也就是说机器不但自己具有智能，而且有能力在不借助人类发明的情况下，创造出另外一个有智能的机器。到那个时候，平行于人类智能的机器智能成为现实，人类纯文明即完全由人类智能创造的文明，成为过去，人类将处于人类和机器合作创造的二元文明中。

2045 年，一个机器人有能力"生出"一个机器人，而且这个机器人比它的"爸妈"更高级，比人类更高级。值此之际，人类要是遭遇机器人威胁，又该怎么办？很多人会说："拔掉机器人的插头不就完了吗？"

到了那个时代，如果有人还抱着这么单纯的想法，没有一点反思精神，那说明人类智能已经彻底败给机器智能，无可救药。不妨想象一下，有一只蜘蛛因为反感于人类大扫除毁坏了它的蛛网，便想出一条"毒计"："我也把人类捕虫的那张网拆了。"请问蜘蛛做得到吗？不是蜘蛛没能耐，而是根本没法实施，因为人类不捕虫，更不用编织丝网来谋生。蜘蛛以自己的智商，依据自己的生存策略，来寻找对付人类的办法，只能屡屡遭遇被大扫除驱赶的结局。到 2045 年，如果人类还想用断电方式来对付机器智能，可能就像蜘蛛一样弱智，甚至有过之而无不及。西方有个"门萨俱乐部"，据说入会的门槛是申请者的智商必须超过 200。对于人来说，智商 200 堪称"人中龙凤"，极为稀缺。但那时的智能机器人的智商可以高达 14 586。面对如此聪明的机器人，人类还指望用断电这种幼稚简单的方法战胜之，是不是可以称为愚蠢的傲慢、傲慢的愚蠢？

三、机器智能主要有哪些内涵模块？

发展到今天，机器智能究其内涵，主要由四大模块构成，即脑认知基础、机器感知与模式识别、自然语言处理与理解，还有知识工程。

1. 脑认知基础

人无法把人脑的结构讲清楚，就像人无法在 Windows 下把本机的 C 盘格式化或在 C 盘系统格式正常的情况下，加装一个 Windows。

项羽曾经问过：我有一个座位，谁能坐在座位上把自己抬起来？没人能做到。脑认知也一样，靠人脑研究人脑，在 2045 年之前是完不成的，靠智能机器人 14 586 的智商来研究人脑，或许会有所突破。

智能机器人似乎是在想，其实是在找，找到最好的判断、最好的理解和最好的特点。这是一种借鉴人的思维但又与人不同的学习方法。简单的机器学习可以看成是完成两个基本任务：判别与生成。面对一朵花，机器会判别它的形状，找出对应概念，然后再借助这些要素，重新生成一朵花。这就是机器学习的两个方面，理解一个物体的特征，从而识别物体；再根据这些特征生成一个物体。理解是归纳，识别是推理，生成是创造。

2. 机器感知与模式识别

有智能的机器不会坐等人类给它"喂"数据，而会自己去感知世界，并对遇到的图形等进行识别，以作出判断。这种能力是在挑战图灵测试的过程中实现的。

有图灵测试，自然有反图灵测试。图灵测试是看机器能不能混迹于人类，而反图灵测试则是要抓出这台企图混迹于人类的机器。比如，变形码是用来"欺负"机器的，利用其识别能力不足，把它甄别出来，排除在外。但"道高一尺，魔高一丈"，计算机专家提高了机器的智能水平，把验证码攻破了，捍卫了图灵测试的尊严。

有盾就有矛，刚刚攻克变形码，新的反图灵测试又来了。这就是"滑动验证码"。这种验证方式看似简单，就是用鼠标给"怪兽"喂食，把一个图形送进一个差不多大的空间去，其实很复杂。人用鼠标点了滑块移过去，既不可能匀速前进，也很难走成一条直线，中间会有抖动、停顿；而且人的动作具有随机性，不可能滑一下，停一下，再滑一下，再停一下。要让机器模拟人的全套动作，找到滑块位置，点击后移动，中间还有随机的停顿和抖动，需要极高的智能水平，才能蒙住对方的服务器，使之以为是人在操作。不过，如此高难度的测试最后还是被计算机专家攻克了，现在变形码没用了，滑动验证码也没用了。

还有一个很好的例子，也是用来区别人或者机器的。手机贷款同样需要模式识别。通常操作程序是这样的，先下载一个手机贷款APP，然后开始操作。第一步要求贷款申请人拍下自己的身份证照片并传过去，对方接到信息，后台模式识别的智能程序启动运行。先把身份证上的所有字母给提取出来，不用申请者输入姓名、户口地址、身份证有效期等，机器自动识别出来。

第二步要求申请者把脸对着摄像头，摇摇头，眨眨眼，这是做活体识别，证明申请者是身份证上的人，而且还活着。同身份证一起，贷款 APP 通过拿刚拍摄的照片同公安部存储的高清照片做比对，证明人对得上，说明是这个人借的款，可以找这个人要，再通过摇头、眨眼证明此人还活着，能够还钱。这是模式识别在身份验证中的应用。

模式识别的宏观运用场景之一是自动驾驶。自动驾驶的解空间要比围棋大了去了。不同的气候、路况、司机、路人，所有这些变量加在一起，解空间几乎无穷大，机器智能的模式识别遇到的挑战也几乎无穷大，至今效果存疑，要投入实际运用，还有待时日。

3. 自然语言处理与理解

所谓"自然语言"就是人类在现实生活中实际使用的语言，与之相对的是为了操作计算机系统等而特意开发的程序设计语言。让机器人能直接理解自然语言，是实现真正意义上的人机沟通的基础。今天，科学家、工程师谈论的自然语言处理，都是在这个语境下展开的。

自然语言处理与理解主要研究自然语言的语境、语用、语义和语构，还有大型词库、语料和文本的智能检索，语音和文字的计算机输入方法，词法、句法、语义和篇章的分析，机器文本和语音的生成、合成和识别，各种语言之间的机器翻译和同传，等等。科学家已经在计算语言学和语言数字化发明上取得巨大成功，在信息压缩和抽取、文本挖掘、文本分类和聚类、自动文摘、阅读与理解、自动问答、话题跟踪、语言情感分析、聊天机器人、机器智能写作等方面，形成了一大批成果，有关中文信息处理与理解的研究进展尤为神速。

自然语言处理的成果有很多，利用人工智能来写作是其中一个方面。比如，找陈奕迅、周杰伦两个歌手，把他们各自唱的歌词收集起来，输入机器，通过机器智能代码自动生成新的歌词，好像为他们度身定做了新歌词。从结果来看，有的靠谱，有的离谱。为陈奕迅生成的歌词有"转身锁上从前，阳光非常刺眼，忙着作戏，好戏都上演，回忆里的蜘蛛网，爱情在重现"，还有"烛光上的时间，不再有你的离开，擦身而过的所有画面，我却不能停在原点"，看上去还可以，有点陈奕迅的风格。

放到周杰伦身上，人工智能的"创作"效果就不尽如人意了："我的世界，你比作一只小狗，天真着，你的愿望就像幅画……和在你圆周的情绪。"这或许同周杰伦唱的歌，大多由方文山作词有关，方文山经常说不标准的国语，用他的发声来训练机器，机器自然跟着"学坏"，生成的歌词成了这副模样。

人工智能为王菲和邓丽君写的歌词，比较靠谱，基本都是大家平时说的那种话。"那夜满天星光闪闪，我痴痴地在你身旁，怕你可能匆匆离去"，里面很多词似曾相识。"我却受控在一起"，这很像王菲的风格。

4. 知识工程

知识工程是研究如何对大规模数据中的知识进行表达、获取与推理的技术。目前知识的主流表达方法为知识图谱。人工智能通过数据挖掘、信息处理、知识计量和图形绘制等手段，把特定知识"可视地"显示出来，增加人类对未知世界内在联系的认识。

前段时间演员王宝强卷入诉讼，选择张起淮作为他的律师。张起淮的知识图谱反映出他还担任了冯小刚、李双江的法律顾问，而王宝强拍过冯小刚的戏，或许王、张两人就是通过冯而相识的。知识图谱能通过数据之间的关系，把看似独立的人串联起来，解释他们之间的内在关系脉络。

知识工程会根据使用者的目标变化而变更知识图谱内容。特朗普当选为美国总统以后，很多人第一次搜索的是"谁是特朗普的老婆"。但到后面，搜索的目标变成了"Why did Trump's wife married him?"特朗普老婆为什么会嫁给他？这就需要从人工智能的知识图谱中去寻找答案。

四、机器如何获得智能？

明白了机器智能在干些什么之后，人们自然会关心这样的智能又是怎么演变过来的，一蹴而就是不可能的。要搞清楚机器智能是怎么来的，先得梳理一下智能本身是什么，尽管大家都知道，但这个问题至今没有一个确切的定义。

1. 器物与精神：智能的两大构成

究其构成而言，智能可以视为器物和精神的结合体。自 20 世纪 50 年代人工智能出现以来，经过了多少风风雨雨，到现在发展得如火如荼，其中一个重要原因是物质基础得到极大改善。今天有了高速运行的计算机，借助传感设备、物联网、移动互联网，产生了大量的数据，还有便捷有效的基础设施，如云计算与云存储。天时、地利、人和都有了，于是，人工智能新时代到来了。

机器智能，一定是先有器物。没有物质载体，再聪明的思想也没有办法产生智能。

冷冰冰的器物有没有智能？有人说有，有人说没有。如果没有口诀，算盘就是一个木制品。只有配套以口诀，人的手指按照口诀拨弄算珠，才有新的数据出来。冷冰冰的器物，到了人的手中，表现出了智能的属性。这种感觉同苏东坡创作《琴诗》时的心情庶几相近："若言琴上有琴声，放在匣中何不鸣？若言声在指头上，何不于君指上听？"智能犹如琴声，必定是器物和精神的结合。

人有智能，主要体现在这样几个方面：第一，有思考能力，会想出许多自然界并不存在的东西，思维智能是智能的首要构成；第二，有行为智能，看见台阶，能走上来，而不是摔倒在那里，这有赖行为智能；第三，有情感智能，看到美好的事物觉得高兴，听到不好的事情感到愤怒。人类智能如此，机器智能又当如何？是不是同样需要具有思维智能、行为智能、情感智能？

一个机器人可由 CPU、GPU、内存，加上软体与人工智能算法合并起来，变成一个漂亮温柔的女生，当然也可以变成一个漂亮但常作"河东吼"的悍妇，就看设计者的意图是什么。要实现拟人的智能，需要有一些物质条件为支撑。在现实生活中，机器智能跟人类想象中具有智能的机器人还有不小差距。在人类需要机器表现出智能的场合，时常却发现机器智能低下，而在不需要机器表现出智能的场合，机器又聪明得过了头。

日本人拍过一段带有科幻性质的视频，男主角和机器人女孩相处一室，机器人女孩早上会叫醒男主角，男主角出门时机器人女孩会和他说"拜拜"。男主角回家前告知到家时间，机器人女孩就会做好一应准备工作，比如打开灯光、开启空调等。机器人可以跟互联网结合，跟智能家居联动。人即使在不断移动中，也可以同家里的机器人保持联系,通过移动互联网连接在一起。这些场景背后用到了许多物质性的技术设施,没有这些技术装备,互联和交流都是不可能的。

今天的机器人具有很好的思维能力。在大量的技术支撑下,人类可以设计出具有不同模拟人格的机器人,亲切的、黏人的、狂暴的都行,只要有数据,加以训练都能生产出来。所以,我们说基于数据的机器学习是机器思维智能的来源。

机器有了思维能力,在 CPU、GPU、内存之外,再加上一些机器部件,包括传感器、控制系统、动力系统和机械臂之类的器件,就能获得行为能力。行为能力是由好几种能力构成的,首先要有思维能力,不会动脑子的机器,很难拥有强大的行为能力。

美国波士顿动力公司设计出来的机器人已经能够完成许多复杂动作,不但会双脚走路,搬运重物,还会跳上箱子,来个后空翻。机器要运动,必须经过计算,强大的计算能力与灵活的机械设备的结合,保证了机器人可以做出普通人难以做出的行为。把机器的思维智能和机器的行为能力相联系是机器人研究的一个重要课题,这里重要的研究就是适应环境条件下的学习,如即时定位与地图构建(SLAM)技术,它可以使机器人在未知环境中从一个未知位置开始移动,在移动过程中根据位置估计和地图进行自身定位,同时在自身定位的基础上建造增量式地图,实现机器人的自主定位和导航。如今小到家里用的全自动吸尘器,大到海面上飞驰的无人艇,用的就是这个技术。

行为智能和思维智能结合的另一个研究方向就是有目的行为。明确的行为目的是人类智能的一个重要特点,而赋予机器这个特点也是人工智能研究的主题之一。大家最近常听到的强化学习就是一个很有效的技术。所谓"强化学习"，就是智能系统为了在环境中达到一个目的，而学习一个最好的策略。强化学习模仿动物学习的本领，在行动—评价的环境中获得知识，改进行动方案以适应环境，最后实现既定目的。

当机器人获得思维能力，又具有行为能力后，人们进而期待它同样具有情感能力。如果机器人看见一个东西非常高兴，看见另一个东西非常愤怒，它就更接近于人了。要是不讨论机器人的情感是否由外在事物的刺激而引起内在的反应，只看外部表现，现在已经能够通过设计程序和数据训练，让机器人具有不同的情感表现。这里研究的重点是感知和认知。通过现代脑科学的手段，为人类的情感建立模型是这一研究的一个重要方向。最近，英国帝国理工学院的科学家对自恋（self-attachment）这样的复杂情感建立神经元模型就是一个很好的例子。

2. 逻辑与形象：人类思维智能的两大构成

具有思维智能、行动智能和情感智能的机器人，其智能在形态上模拟了人类，但未必同人类一样。人类智能具有生物学基础。人的大脑分成左半球、右半球、小脑，左半球掌管逻辑思维，右半球掌管形象思维，小脑调节人的行为。从大脑功能分区就可以看出，逻辑与形象是人类思维智能的两大构成。通过学习构造机器的思维智能也可以从逻辑与形象两个方面入手。

（1）逻辑思维。两千多年前，亚里士多德提出了"三段论"。比如，科学是有用的，社会科学是科学，所以社会科学也是有用的。"三段论"是一个推理过程，从原有的知识出发，通过推断，获得新的知识。社会科学是否有用，原来不知道，但通过前面两个前提，可以推断出社会科学是有用的。从原有知识推断出新的知识，就是智能的表现。

从计算机登上历史舞台的那一刻起，机器在逻辑推理上就表现出强大的能力。早在 1958 年夏天，美籍华裔数学家王浩在 IBM704 机上证明了罗素、怀德海《数学原理》中全部 150 条一阶逻辑定理。最有名的例子是肯尼思·阿佩尔（Kenneth Appel）和沃尔夫冈·黑肯（Wolfgang Haken）借助计算机证明"四色定理"。在制作地图时，为了区分不同的国家或地区，通常采用不同颜色进行区隔，现在要问，最少使用多少种颜色，就可以达到区隔效果，不使相邻的两个国家或地区重色？这个问题在经验中早已解决，四种颜色足矣。但要从理论上给出证明，超出了人类的智能，所以长期成为一个挂在科学家鼻子前的苹果，看得见，咬不到。直到 1976 年，阿佩尔和黑肯利用计算机实现了这个"小目标"。当时，计算机整整花了 1 200 小时，终于证明"四色定理"成立。20 世纪 90 年代初，以逻辑推理为基础的日本五代机计划代表着当时人工智能研究的主流，也是今天的以 IBM 的 Waston 系统为代表的机器问答系统中的关键技术。

（2）形象思维。逻辑思维可以用语言来表达，"三段论"的一组命题，用自然语言很容易表达出来。计算机通过编码来识别这些文字，已经没有任何困难，但要让机器识别图像，难度就大多了。图像或者形象具有模糊性，表达起来本身不容易，要让机器看懂并能表达，更不容易。科学家采取的方法是模拟人类，给计算机配一个神经网络，通过深度学习，来对图像做出识别和表达。有关图像特征的层次性表达就是在神经网络各节点的链接中设置权重，借助神经网络，计算机就能对图像的特征知识做出表达，用于图像的识别和生成。

科学实验证明，对于 1 500 多万个图像，如果由人类对其进行分类，错误率最低是 5.1%，但用深度学习的神经网络进行分类，错误率只有 3.74%。这说明机器具有了一定的形象思维能力，在某些场合甚至比人的识别能力还强。

3. 行为智能的生成

俄罗斯科学家巴甫洛夫通过实验，发现了动物条件反射的原理。原来狗看见食物会流口水，但对铃声毫无反应，不会流口水。科学家改为每次给予食物时，就摇铃，反复进行之后，狗在没有看见食物的情况下，只要听见铃声，也会流口水，因为它知道，铃声响了，食物跟着就会来到，它在铃声与食物之间建立了联系。这在心理学上被称为"条件反射"，其实也是一个智能过程，只因为心理学家假定狗是没有智能的，才把这样的反应归结于心理现象。所谓"心理"，就是生物体——无论人类还是动物，未被意识到的智能过程。

假设狗也具有像人一样的智能水平，那么狗就会认为进行试验的科学家也在"条件反射"："我一流口水，人就会拿出笔记本，写些什么。"所以，巴甫洛夫的实验是人在训练狗，但也可以说是狗在训练人。如果狗的智商低，那么在这个过程中，人有感觉，意识到自己在训练狗，而狗则浑然不觉；如果狗的智商高，那就是狗在训练人，因为狗意识到了，人却还自以为是，蒙在自己设计的鼓里而不自知。

同样道理，在未来世界，当机器人足够聪明时，到底是人训练机器，还是机器训练人，就搞不清楚了。所谓"基于行为主义的机器认知"就是这么回事。人对动物的行为智能的这种研究形成了强化学习的技术，而强化学习的一个重要的应用是设计游戏，这类游戏的实质是人与机器的行为智能交互强化。

许多时候，有没有智能，有多高的智能，是从行为上表现出来的。蚂蚁属于群居生物，单只蚂蚁的智能有限，但很多蚂蚁聚在一起，就表现出高得多的智能。单只蚂蚁寻找食物，很难走出最短路径，但集群出动时，通过彼此交换信息，每只蚂蚁都能遵循食物到洞穴之间距离最短的路径。单只蚂蚁所不具有的智能，在集群活动时就表现出来了，但观察者看到的不是智能本身，而是表现在群体行动中的智能，智能存在于行为中，存在于群体中。群体智能在机器智能的研究中才刚刚开始，群体智能的基本形成条件是群体中的个体间必须有高效的交流，而在个体智能达不到相当全面的时候，实现超越个体智能的群体智能是困难的。"三个臭皮匠顶一个诸葛亮"在机器智能中未必成立。

4. 基于统计的智能生成

人类智能的一个重要特点是可以自如把握不确定性。简单而言，不确定性就是指事先不能准确知道某个事件或某种决策的结果；或者说，只要事件或决策的可能结果不止一种，就会产生不确定性。数学上我们常常用概率来衡量不确定性。但是，传统概率论总是先假定一个先验概率（即确定概率分布的类型），如抛硬币时，每次出现正反面的概率相同，然后以此为基础进行概率推演：比如连续出现10次正面的概率，这样的方法称为频率学派。然而，在很多情况下先验概率未必能够精确获得，因为绝大多数现象无法用"客观概率"刻画，只能从现有事实出发（即数据），把我们脑中的"主观概率"加以不断地修正。这个根据客观数据而对主观意识的不确定性做出不断改变的过程，就是基于统计的学习，即基于统计的智能生成。这个理论是由英国数学家托马斯·贝叶斯（Thomas Bayes）提出的。当时要解决的是所谓"逆概率"问题。比如说，如果连续出现 10 次正面，我们想知道下一次抛硬币时出现正面的概率是多少。

贝叶斯完全把自己放在观察者的角色，把先验概率看作是一种信念，通过观测数据不断修正前提假设，从而形成新的信念。不仅如此，在继续观测到新的数据后，我们还可以不断使用贝叶斯理论把现有信念和观测数据整合起来，从而持续更新后验概率并使得"主观概率"不断逼近"客观概率"。

贝叶斯理论是今天机器学习的统计学基础，它实际上是一种发现的逻辑。贝叶斯学派认为"客观理念"存在与否并不重要，只要我们能够借助越来越多的证据，来建立和增强我们的信念就行。事实上，科学史上的大量发现都是在观测数据基础上寻找最佳的理论解释才得以建立的。只有爱因斯坦等几位大哲在相对论等极少的例子上，能够完全从公设出发建立理论体系，然后让别人通过实验来证明其理论与观测数据完全吻合。例如，电磁理论和量子理论中的普朗克定理，普朗克发现只有使用量子假说才能完美解释黑体辐射问题，从而打开了量子理论的大门。

我们今天的机器学习都是基于这样的数据驱动的发现逻辑。譬如，机器人创作歌词，有时挺靠谱的，其实这里的智能就属于统计所产生的智能。比如，机器先对汪峰写的歌词进行统计，发现出现最多的形容词是"孤独"，出现最多的名词是"生命"，出现最多的动词是"爱"。这样就有了对汪峰所作歌词的形容词、名词、动词的统计分布。然后按形容词、名词、动词的顺序排列出一个句子，再从特定的形容词、名词、动词的统计分布中采样，放进形容词、名词、动词的对应位置，就可以生成歌词。当然，这样的歌词没有考虑到语句中词与词之间的关系，而这样的关系本来可以从汪峰写的歌词中学来，从而建立对应于一个作者的语言模型。其实，机器可以运用统计方法，针对从作者的作品中归纳出来的语言模型进行学习。模仿不同的作者需要采用不同的模型。如果给的诗词都是李白的作品，那机器训练之后写出来的诗，就像李白，甚至比李白更李白。

基于贝叶斯模型的人脑认知理论已经成为今天研究认知的基础，它能有效解释概念学习、物体识别、感知-运动集成和归纳等多种人脑认知行为。

5. 多模态智能的生成

以上各种智能，基于逻辑的、形象的、行为的，还有统计的智能，都属于单模态的智能，只采用了一种学习方法，要么学习文本，要么学习行为。要继续提高机器的智能水平，还需要找到综合各种学习方法的方法。

人类学习有多种方法，有记忆学习、计算学习、交互学习，等等。$5 \times 2 = 10$，这里既涉及计算学习，也涉及记忆学习，还有交互学习，如通过同学间讨论之后弄明白。能够通过多种学习获得智能，是人作为万物之灵的最大资本。现在机器人也掌握了多种学习方法，但三种学习方法难以结合在一起，克服这一难题，是机器智能未来发展的方向。

未来的机器学习应该达到一生二、二生三、三生万物的能力和形态。现在机器学习离不开大数据，所谓"大数据"离不开"大量数据"。但人类的学习不需要太多数据，聪明人只需要极少数据就能做出判断，真正的天才甚至不需要什么数据，也能作石破天惊之论。减少数据依赖，有待未来人工智能研究者的努力。

五、人需要向智能机器人学习吗？

机器要有智能，必须经过学习。有一款小鸟飞行的智能游戏，有点像"魂斗罗"。小鸟飞行途中会遇到上下活动的柱子，只有灵巧地躲过去，才能飞到终点。小鸟并非天生就会躲避，需要工程师进行训练。方法是，每当小鸟撞上柱子，就予以惩罚，通过了，给予奖励，小鸟会运用强化学习算法，自己计算，经过大量训练以后，就能顺利飞过去了。这个游戏没有什么特别的地方，但有时候机器智能会表现出某种经验性智慧，同人类在实践中总结出来的规律十分相似。比如，作为休闲活动，两个人打乒乓球时，总会希望多打几个回合，而不是没完没了的开球、丢球、捡球、再开球。这就需要彼此配合，尽量不丢球。如果工程师把同样的任务派给两台智能机器人，开始时，也会出现频频丢球的情形，但经过一段时间的训练，智能机器人会彼此合作，找到确保不丢球的办法。实际效果显示在屏幕上，就是把球打成一条直线。你打给我，我打给你，合作得天衣无缝，但从观众的角度看过去，毫无趣味，因为没有变化。

为了改变这种过度合作状态，工程师给两个机器人植入竞争的指令，让每一方都以打败对方为目标。于是，你来我往，想尽办法让自己不丢球，却使对方丢球，表演一下子就变得好看了。这就是博弈论中的极小极大算法（MINIMAX）的基本思想。虽然同样是交互活动，但竞争比合作更能激发双方活力，效果更好。

这个竞争带来活力的道理，在人类生活中，到处都有体现。无论开展什么活动，肯定需要相互配合，但一定不能忘记引入竞赛因素，否则只有合作，没有竞赛，活动就会变得死气沉沉，最后让参与者越来越少。在生活中，前面一种叫协同机制，后面一种叫竞争机制。缺乏协同机制，场面难免混乱，活动无法开展。通常，在协同刚刚达成时，参与者感觉良好，因为一切显得井然有序，但很快就会厌倦，因为合作过于完美，人成了机器。引入竞争机制后，所有参与者受到刺激，积极性又提高了。但要是只有竞争，没有协同，为取胜而不择手段，随之而来的就是失败、混乱、失落，最后也玩不下去。所以，一个良好的社会一定是协同和竞争并存而且达到某种平衡的社会，在这一点上，机器智能的表现同人类生活的经验达到了高度的吻合。如果说世界上果真存在"天道"的话，那这就是天道，在人类生活和机器人交互中同样存在的"天道"。在物理学中，这表达为热力学第一定律，在博弈论中，这是极小极大算法原则，在中国哲学中，可以称之为平衡。

当下，世界上已经存在三个智能空间：第一个是自然智能空间，比如猫、狗等动物各有自己的智能空间，人也有智能空间，这样的智能空间属于自然智能空间，不是人为制造或开发，而是在自然进化中形成的。第二个是机器智能空间，机器的智能是人通过算法赋予它的，所以又称为人工智能空间。第三个智能空间是未来可能出现的物物智能空间，如机器跟机器交互后生成的智能空间。就解空间而论，最大的智能空间肯定是物物智能空间。在这第三个空间中，有可能形成人-机共融和人-机-机共融的新格局。

六、机器智能到底模拟人类什么？

如果说机器智能来源于人事先输入的算法或程序，所以机器智能只是对人类智能的承接，那么未来的机器智能究竟是完全遵循人类大脑的进化过程，形成精密复杂的算法，还是机器智能自我衍生出更高级的智慧？也就是说，机器智能的自我进化是可能的吗？

如果机器只是固守传统的方法，智能仅仅表现为算法，那么机器智能不要说超越人类，能达到人类智能的水平就不错了。但现实是智能机器人已经掌握了学习方法，所谓"强化学习"相当于机器有了自学习的能力，只要给它设定一个动作空间、状态空间，加上激励机制，机器就可以自学习。机器人打乒乓球就是一个自学习过程，连设计程序、规定目标的工程师都不知道，机器随后的自学习会有什么结果，包括通过学习而生成的算法会不会比人设计的算法更好。

现在有几个领域特别吸引了科学家和工程师的关注：一个是自动编程，只要告诉机器想要的结果，就会自动生成相应的程序。另一个是机器自学习，作为初始条件的知识都是人类加进去的，比如 IBM 的 Watson 系统，内置了自然语言处理的算法，有了算法后，机器就能自己理解，一秒钟读 2 000 万份文献，在此基础上，进行大量的计算和逻辑推理，由此推理出来的东西，说不定比人类设计出来的算法更精妙。

打个不恰当的比喻，机器智能学会了自我学习后，如果人给了它 1，后面的 2、3、4、5，是它自己学习后得出的，就不能简单说，2、3、4、5

都是人给的或者模拟人类的。

人有思维能力、行为能力和情感能力，这不难理解，但谈到机器的情感智能时，显然有点费解。究竟应该以人类情感为参照来定义机器的情感智能，还是从机器本身来定义其情感智能才更加合理，这中间确实有探讨的余地。在人类对自己大脑的结构和功能还不了解、不知道自己的情感和行为是怎样来的情况下，要准确界定机器的情感智能，存在困难。

科学家知道，在机器人的深度学习或神经网络中，知识存储在神经网络的链接中，但脑科学家至今没有搞清楚在人类大脑中，知识存储在什么地方，不知道大脑里面豆腐一样的白色物质是什么东西，到底有什么用。去掉肯定不行，光有大脑皮层，人没法活。2017 年，国外学者发表了一篇脑科学方面的重要论文，试图说明脑的哪一部分存储了哪些单词，这个设想还有待进一步证明。如果是真的，那等于说，以后如果一个人不愿意背单词，另一个人却记性特别好，脑子里有本《大英百科全书》。后者去世后，前者要求其家属把其储存记忆的那部分大脑皮层移植到自己的大脑中，就可以一下子拥有所有记忆的遗产，这要比继承物质财富的价值大多了。

据说，人类的大脑到现在只开发了 5% 的功能，还有 95% 没有开发。所以有人非常乐观，一旦这 95% 的功能开发出来，人类肯定比上帝还聪明。不过，即便不争论所谓"5% 的功能"是怎么测出来的，在 95% 的功能没有开发出来的情况下，人类不可能搞清楚大脑总的潜力到底有多大，至少还存在一个问题：要以 5% 的已开发能力去撬动 95% 的潜能，这支点该安放在哪里？或许在 2045 年以后，可以让智商高达 14 586 的机器人来承担这一使命。在人类对自己都不了解的情况下,要把人类所有属性转给机器,显然是不可能的。所以机器只能模拟人的功能,没有办法模拟人实际的生理过程。模仿大脑功能比较容易,仿制大脑生理结构就难得多了,甚至是不可能的。

所以,关于机器人是不是具有情感、具有什么情感,不应该简单以人类为参照来探讨。

就目前情况来看,对机器人的情感智能可以从两种状态来理解:

第一种状态是看机器人对特定对象的反应。通过"喂"给机器相应的数据,可以训练机器人的好恶。比如,人看到某幅图像很反感,如果机器人看到也反感,就可以认为机器人有情感了,但这个情感只是机器人的表现,而且这表现是人训练出来的。机器人经过训练之后,形成了情感依赖,这种状态今天已经能够做到。

第二种状态跟人的关系远了一些。现在有人把人的情感世界分为喜、怒、哀、乐、惊、惧六维。如果未来机器人和机器人真的可以相互学习,那它可能具有多少维度的情感? 究竟是六维还是 N 维,现在无法判定。如果人不再喂料而让机器人自己学习,以其远大于人类的解空间,机器人是否会具有情感、具有什么情感、具有多少情感? 尽可以放飞想象,现在无法做出准确的预言。

在这个问题上,不妨回到图灵测试。人类只知道黑屋子里交出来的答卷,不知道答案是谁做的,依据是什么。机器人发火,为什么发火,怎么发火,发火背后是什么,都属于黑屋子里的东西,能看到的只是机器人发火了,而且模样跟人有些像。如果希望再多知道些,可以利用逻辑推理的方法,论证机器人发火的原因。但到底是不是机器人的真实想法,难说。至今为止,人对自己为什么发火,常常也搞不清楚,是真有原因,还是借题发挥,或是故作姿态,都有可能。

　　一句话，至今计算机的智能是对人类大脑及行为的功能性模拟和放大，而不是生理上的仿制，无论思维智能、行为智能，还是情感智能，都是如此。这样的模拟和放大的未来结果会怎样，是一个开放性问题，可以放到 2045 年后再去作答。

第三章
赢了围棋，机器就能战胜人类吗？

在人工智能发展史上，AlphaGo 下围棋赢了人类高手，一定会是浓墨重彩的一笔。原因不在于 AlphaGo 确实厉害，在人类发明的最复杂游戏中赢了人类，也不在于 Google 这家企业选择了一个十分有影响的突破口，成功吸引了全世界注意力，把人工智能的广告打到天上去了，而在于引出了一个问题：人工智能下围棋赢了人类，到底说明了什么？

说明人工智能已经发展到这样一个阶段：人工智能和人类智能的分庭抗礼及其边界线，开始显露，确定性与不确定性的分野悄然成为两者博弈的"楚河汉界"，人工智能会不会越界行动，成了人类必须严肃思考的问题。

一、为什么是围棋？

计算机在围棋上取胜之前，先在国际象棋上赢了人类。

20 多年前,发生过一件具有标志性意义的事件。在 1996 年 ACM 国际计算机协会闭幕式上,美国 IBM 公司推出一款会下国际象棋的计算机,名叫"深蓝",挑战当时的国际象棋世界冠军卡斯帕罗夫,最后结果是 2∶4,人类赢了。仅仅相隔一年,到 1997 年,"深蓝"再次出阵对战卡斯帕罗夫,结果计算机赢了,比分是 3.5∶2.5。

其实在"深蓝"之前,已经有不少计算机程序会下象棋,但水平不敢恭维。因此,当卡斯帕罗夫初次得知要和计算机对弈时,一点不怵,"机器对下棋没有洞见"。1996 年险胜计算机后,卡斯帕罗夫就放弃了不无傲慢的想法,因为已经感觉到"深蓝"确有洞见,自己虽然赢了,但赢得并不容易。对弈中,计算机有几招被卡斯帕罗夫称为"上帝的招法",完全出乎他的意料。计算机最后会战胜卡斯帕罗夫,1997 年的这个结果,在 1996 年的比赛后,就已经被大家预测到了,只是没有想到这么快成了现实。

国际象棋属于比较复杂的游戏,走法的可能性很多,不但人算不过来,当时的计算机也算不过来。工程师想出一个"笨办法",就是通过"穷举法",来排除可能的走法,找出最佳策略。其原理说起来并不复杂。

弈棋的基本模式是两位棋手交叉下子,你一步,我一步,每下出一步,对手就会针对性地下出一步,作为应对,我会再走出一步,如此循环,直到分出输赢。任何一位棋手下出的任何一步,都是在多种可能性中做出的选择。同样,对手在应对时,也有多种可能性可以选择。会下棋的人都知道一条口诀,"棋想三步远"。意思是,每下一步棋,不但要考虑自己选择的可能性,还要想到对方应对的可能性,再想到自己破解的可能性,再想到对方可能的进一步应对,再想出自己进一步破解的可能性。如此往返，至少要在头脑中过三个回合，才能投子。

由于每一步本身具有多种可能性，对方应对时又有多种可能性，第三步在第二步的基础上又有很多种可能性，好似树的分支不断细分，到最后一步，可能性已累积到惊人的地步，远远超出人的计算能力。"棋想三步远"，人类做得到，"棋想三百步远"，人类就做不到了。但人类做不到的，计算机能做到。

计算机下棋采用的是"剪枝法"，借助程序，可以判断每一步的形势及其输赢的可能。这相当于在拥有足够计算能力的条件下，可以把整棵树所有可能的分支都穷举出来，知道每个分支的终点是赢是输。工程师给计算机设计的"笨办法"是通过穷举来判断哪些走法可以取胜。由于可能性太多，一一穷举，会使机器卡死，所以要用上"剪枝法"，把无关的枝头剪掉，最后找出一条赢面最大的分支。这就是"剪枝法"，在同样计算资源的条件下可以大大增加搜索深度。"深蓝"是这样做的，卡斯帕罗夫也是这样做的，但因为"深蓝"的计算能力远远超过人类，所以卡斯帕罗夫输了。因此，与"深蓝"对战，在卡斯帕罗夫看来，"不是和机器下棋，而是和一群工程师在下棋"。

"深蓝"虽然在国际象棋上赢了人类，但这个办法却不适用于围棋，因为"深蓝"还太笨。围棋的解空间远远大于国际象棋，据说战胜卡斯帕罗夫的那台"深蓝"如果改行下围棋，最多也就是职业棋手初段的水平。于是，雄心勃勃的工程师，决心挑战人类最难的棋类游戏，20 年后，终于在围棋上取得了"打遍天下无敌手"的战绩。

二、围棋到底有多难？

围棋是中国人的发明，从骨子里透出中国文化的神韵。棋盘是正方的，棋子是圆的，应了中国古人的世界观——"天圆地方"。棋子分黑白两色，代表阴阳。合起来就是"天地阴阳"，典型的中国思维范畴。

曾有韩国人提出异议，争论围棋发明权。其实，在我国《世本·作篇》中就有记载："尧造围棋，丹朱善之。"丹朱是尧的儿子，尧发明围棋之后教给儿子，成就了围棋界的第一位高手。今天以"丹朱"命名的学校，一听就知道是围棋学校，就像以"高斯"命名的，肯定是教数学的。

据《不列颠百科全书》所载，中国在公元前 2356 年发明了围棋。也就是说，围棋已有 4 300 多年的历史。还有很多其他证据，比如，汉朝出土的围棋盘就足以证明，围棋是中国人发明的。

现代围棋的棋盘是 19×19。这也有说法，19×19 等于 361，在中国农历中，恰为一年的天数。围棋棋盘犹如一个大战场，上面有几个重要的战略位置，称为"星位"，就是第三行、第三列的交会点。正中心的点位叫"天元"。沿用太极的说法，以天元为中心，四个角为四个区域，代表一年四季。如此解读围棋，表达的是中国文化的大局观。

围棋说起来有点玄，但就规则而论，可能是世界上所有棋类游戏中最简单的。围棋是唯一一个没有门槛的棋类，谁都能上手，下得好不好则另当别论。棋子只有两种，非黑即白，且每一颗棋子都是平等的，不分车马炮，没有走法差异，而且落子不许再移动。判断输赢则更简单，只看谁围的地盘多，而所谓的地盘无非由一个个十字交叉的地方即"目"所构成。当双方都找不出下子的空间时，一盘棋就结束了，数一数，谁占据的"目"多，就算谁赢，简单而且粗暴。

围棋是世界上最具智慧的游戏，符合中国道家的理念。"大道至简"，最简单的往往就是最复杂的。围棋规则非常简单，一句话可以讲清楚，"有气的是活棋，没气的是死棋"。因为简单，玩起来反而复杂，天地太广阔，发挥空间太大。围棋的解空间远远大于国际象棋和中国象棋。19×19 的围棋棋盘上共有 361 个交叉点，可以形成 10^{170} 种状态。解空间这么大，人类的计算能力自然是照顾不过来的。

于是乎，在国际象棋上战胜人类之后，人工智能转而向围棋发起猛攻，希望由此在智力游戏上彻底取人类而代之。

三、五代 AlphaGo 如何横扫围棋高手？

人工智能战胜人类就像围棋计算输赢那样"简单而且粗暴"。

细数 AlphaGo 的成长历程，共有五代，分别以挑战对手的姓名为名。

第一代叫"AlphaGo Fan"。2015 年下半年，AlphaGo 初次出战，挑战欧洲围棋冠军樊麾，战绩是 AlphaGo Fan 以 5：0 的大比分，战胜樊麾。

第二代叫"AlphaGo Lee"。2016 年，AlphaGo 挑战有"石佛"之称的韩国围棋高手李世石，以 4：1 取胜。

第三代叫"AlphaGo Master"，因为挑战的不是某一位棋手，而是人类 60 位顶级高手。最后的战绩是，AlphaGo 以 60：0 大胜，并在乌镇以 3：0 战胜世界排名第一的中国棋手柯洁。赛后，柯洁哭了，不是因为输不起,而是彻底的无力感:"我是人,AlphaGo是上帝!"

AlphaGo为什么要先和樊麾下,再和李世石下,再和中日韩所有围棋高手下?是不是拿樊麾练手?是不是一定要赢了樊麾,有所积累,才赢得了李世石?恐怕未必。原来有人认为,AlphaGo需要大量学习前人的棋谱作为训练,而大部分棋谱都是19×19的,如果拿来个29×29的棋盘,机器人没有棋谱可学,AlphaGo就没招了。相反,人类围棋高手面对29×29的棋盘,稍稍适应一下,就没事了。言下之意是机器仍然不如人。这种乐观态度很快到头了,因为不久机器就不需要借助人类的棋谱来学习了。

第四代叫"AlphaGo Zero",意思是"无人",机器不再同人对弈,而是机器人同机器人互博,AlphaGo Zero以100∶1的比分战胜第二代AlphaGo Lee。前三代机器是通过学习大量人类高手的棋谱,来提高自己的水平,而AlphaGo Zero不再向人学习,仅仅通过自己和自己对弈,就掌握了围棋的原理,甚至发现了人类从未发现的原理。到这个阶段,哪怕把围棋棋盘放大到29×29,机器也可以通过自我训练,成为高手,"打遍天下无敌手",成为现实。

打个比方,AlphaGo Zero和前面三个AlphaGo区别就好像一个人学母语和外语。学外语时老师会把单词、拼写、语法、句型等教给学生,记住了,就能听懂、看懂、会说、会写。学母语时,没有人教话应该怎么说,需要记住哪些单词,而是别人随意说,孩子随便听,听着听着,就学会了。所有词汇都是自己掌握的,所有规则都是无师自通的。学外语可以从语法开始,因为可以借助母语的解释。学母语不可能从语法开始,因为没有掌握语言,无法听懂语法,更无法表达,只能从不明所以开始学起。

AlphaGo Zero 的训练，就如同人类学母语，没有学习人类的棋谱，仅仅知道围棋的规则，接受了赢棋的目标，就开始一手黑、一手白，左右手互博。多次反复之后，AlphaGo Zero 发现了围棋的各种下法，其中竟然有人类从未想到过的妙招。

第五代叫"AlphaZero"，连"Go"也不见了。AlphaZero 不再局限于下围棋，而是成为一个通用的棋类产品，围棋、象棋、跳棋等，无论什么棋，都"一通百通"。伴随着这个消息一起传出的是，AlphaGo 生产商 Google 旗下的 DeepMind 公司承诺，从此不再举办机器同人的围棋对弈。不知道这是因为人类中已经找不到对手，"孤独求败"，还是为了照顾人类脆弱的自尊心，让围棋这个古老棋类还能继续保持魅力，甚或干脆因为 Google 和 DeepMind 都不再需要通过计算机下围棋战胜人类而为自己打广告？

四、AlphaGo 的原理何在？

下棋从来都是人类智能的自我挑战，自然也成了人工智能的重要标志。计算机下棋理论的创立者是计算机体系结构的鼻祖——冯·诺依曼。1944 年，第一台真正的冯·诺依曼计算机还没有问世时，他和经济学家摩根斯顿已经合著《博弈论》，提出了关于两人对弈的极小极大算法。1950 年，香农在哲学杂志上发表了《计算机下棋编程》(*Programming a Computer for Playing Chess*)，把博弈论和维纳的控制论结合起来，开启了机器博弈的征程。

香农把棋盘定义为二维数组，每个棋子都有一个对应的程序，用于计算棋子所有可能的走法。最后有个评估函数。在极小极大算法中，两人对弈中一方的评估函数越高越好（Max），另一方则越低越好（Min）。也就是说一方要在可选的选项中选择将其优势最大化的方案，另一方则选择令对手优势最小化的方案。这样，双方对弈就形成了博弈树。树的增长是指数型的。当树的枝干过于茂盛的时候，树的规模就会膨胀到超出计算机的容量。所以，就需要边画树，边计算评估函数，而当评估函数超过阈值时，树的这一叉就不再增长，这就叫"剪枝"。这是由人工智能研究领域的又一个泰斗麦卡锡提出的。

AlphaGo 能战胜人，自有它的道理。AlphaGo 不是天生会下围棋的，而是人对它进行了训练。这里的训练就是构造一棵可以使计算机赢的博弈树。AlphaGo 一共学习了 16 万个棋局，按每个棋局 200 手算，合在一起共有大概 3 000 万个盘面。因此，在出场迎战围棋高手之前，AlphaGo 已耗用了大量的计算资源，这个离线训练的时间很长，成本不低。

为 AlphaGo 建立的博弈树很有特色：

1. 建立深度神经网络来构造评估函数

神经网络给盘面做了一个定量的建模，然后为网络的每一个链接分配一个权重，利用权重计算下一步棋子应该落在哪里。权重的设定非常重要，关系到 AlphaGo 下的子到底是高招还是"臭棋"。

刚开始，AlphaGo 设定的权重不甚合理，毫无洞见。这就需要给以训练，所谓训练在某种程度上，就是让 AlphaGo 将权重设计得更合理些，这样才能下出漂亮的走法。这是一个渐进的过程，神经网络通过不断学习，发现取胜概率更高的权重，由此获得的定量建模自然更加合理。

2. 用蒙特卡洛法来建树

围棋的棋盘太大，落子的可能性太多，画树剪枝太不经济。我们不妨模拟博弈双方的落子，走了很多步后，就可以算出满足评估条件的下棋点的概率，而后挑概率较大的下棋点落子。这就是蒙特卡洛的方法。

蒙特卡洛的经典例子是计算圆面积。在人类还没有掌握圆形的面积计算公式之前，要想求得圆的面积，可以设计一个正方形，在里面画上一个内切圆，然后向正方形里随机甩点。比如，甩进正方形的共有 1 万个点，再数数落在圆形内的点数。如果是 7 850 个点，那么就可以知道圆的面积大概是 0.785。人类虽然不能从理论上给出圆面积，但可以用实验的方法获得结果。同样的，可以通过统计大量随机走法的赢面，得出局面优劣的判断。

如果说一个子的落点涉及的是局部优势，那么判断整个盘面的优劣，就关系到对大势的把握。通过对盘面建立一系列参数并确定取值范围，AlphaGo 形成一个用于局面判断的价值网络，即为每一个盘面计算一个赢棋概率。随后通过大量训练，让 AlphaGo 在价值网络的权重设定上也可以做得非常好。

3. 以强化学习作为基本学习模型

在以前的博弈学习中，机器采用的是人类棋手的实际棋局。AlphaGo 第一次采用了强化学习的方法，让机器在和人的实战中学，甚至在机器和机器的对战中学。强化学习的鼻祖是巴托（Barto）和他的学生萨顿（Sutton）。AlphaGo 团队里有一堆萨顿的学生。

经过下棋网络和局面判断网络的训练后，AlphaGo 就可以在线同围棋高手下棋了。机器会根据当前的局面，计算出下一手位置的各种不同可能，通过蒙特卡洛树搜索赢面最大的落子位置。在线对战时，有时间限制，不可能进行大面积计算。所以，AlphaGo 首先选择若干走法，再基于这几个走法进行搜索，随机走一些其他的位置。根据随机下法带来的局势优劣，找到当前走法的平均局势，再从平均局势比较好的下法中，选择几个赢面大的下法。

五、机器智能与人类智能孰优孰劣？

通过围棋的人机对弈，可以看出机器与人类下法的不同之处。

第一，机器是通过大量的定量计算，才给出了当前的盘面。机器要想出下一步应该走到哪里，先要利用深度网络进行权重计算，然后才能得出定量的结果。这个计算量非常大。但人同样走一步，计算量要小得多。其中也有定量计算，比如算死活、算气的长短，这些基本都是算术层面或数数层面的计算。人类下棋更在意的是定性计算，比如，下在这个位置，感觉好不好？舒服不舒服？这些是定性的或者说是经验的，而不是定量的。这是人与机器的重大不同之一。

第二，人类的做法是局部优化。正因为人的计算能力有限，而计算机可以广泛搜索，所以计算机找到的是全局优化，而人类只能找到局部优化。AlphaGo 对弈柯洁时，有一手走到了五线，而且效果奇好。在当时局面下，按常规应该走四线，AlphaGo 走五线完全出乎人类棋手的思维套路。道理其实很简单，机器可以在所有可能的下法中找到一个最好的走法，所以敢冲进中腹抢占地盘，但人类不敢，因为走四线能起到局部优化的效果，人类掌控得了，而走五线虽然最后证明确实能起到全局优化的效果，但人类的计算能力跟不上，想不到，自然不敢贸然行事。

第三，及时总结规律。这是人类的做法，机器做不来。下围棋需要记许多口诀，比如，"金角银边草肚皮"。同样围一个空间，在角落上只需要走出两条边，边上只需要走出三条边，而中央腹地则必须走出四条边，所以，以效率而论，角上最好，边上其次，而中央最差。在过去，这是一条金科玉律。再比如，"先急所后大场"，也就是说对弈中，什么地方的棋快死了，赶紧去救，缓过来了，再走关系全局的大场面。如此等等。

这些规律是人类从围棋实战中总结出来的，所谓学围棋其实也就是向老师学那些规律。人类之所以会总结出这些口诀，并一代代袭用之，就是因为围棋太复杂，凭人的计算能力，算不过来，只能抄捷径。但到了 AlphaGo 那里，这些经验性定理都被打破了，因为AlphaGo 以人类无法望其项背的计算能力，完全可以下出有悖"定理"的高招来。所以，善于从复杂的现象当中总结出规律，作为知识储备和经验教训传递给后人，这是人的长处，是人在不具有足够的计算能力的情况下，删繁就简，为自己开辟的一条成功通道。人类的智能在很大程度上就表现为在总结经验基础上生成的智慧，所谓"吃一堑长一智"。机器不需要做总结，直接通过训练好的深度网络进行计算就行了，规律被编码进了深度网络的黑箱里。

同时，人在下棋时进行的推理，时常靠直觉，这种思维形态在AlphaGo 那里是看不见的。人类智能还没有达到这个水平，无法说清楚机器的哪些行为相当于人类的推理，哪些行为相当于人类的直觉，如此等等。说得再透彻些，人类对自己的直觉是什么，从哪里来的，如何运用，都不知道，所以有时干脆称之为"第六感"，即莫名其妙的感知或想法。

第四，人类下棋时想的不仅仅是赢棋，而计算机下棋只为了赢。人类下棋有广泛的外延，在弈棋范围内，除了输赢，还有审美追求，哪怕推枰认输，也要棋形漂亮，所谓"宇宙流"。在棋盘之外，志向更大。普通人下棋肯定下不过李世石或柯洁，但仍然乐此不疲，因为从中可以获得人格培养，锻炼自己在困境下不放弃的精神。有时候，对手强硬，我们也强硬，但强硬往往反而会输，此时退一步，缓和一下局势，后面或许会有更广阔的前景。"退一步海阔天空，让三分心平气和。"人类通过下棋，可以获得适用于更广泛的人生场合的经验。对于AlphaGo来说，下棋可以陶冶情操，这种追求显然不在它的考虑范围。

中国人下棋早就成为一种文化现象。围棋象征天下，手谈象征争夺江山。唐朝有部小说《虬髯客传》，讲到隋朝末年，虬髯客要起兵反隋，一切都准备好了。有一次聚会中碰到一个年轻人。年轻人一进屋，便满室风生水起。虬髯客与他对弈，年轻人执黑，第一步就放在天元，一子定中原。虬髯客和他下了半天满盘皆输。虬髯客后来说，这个小角让我活了吧。年轻人放他一手，虬髯客也仅活了一个小角。这个年轻人就是后来被中国周边国家尊称为"天可汗"的唐太宗李世民。虬髯客一看，李世民如此风采，天下没得争，就让给你吧，自己跑到海外经营一个小国，做了国君。

相传唐玄宗和张九龄正下棋时，外面来了神童李泌。唐玄宗让张九龄出一个题目，考考这个李泌。张九龄要李泌用"方圆动静"四个字说一番道理，比如"方若棋盘，圆若棋子，动若棋生，静若棋死"。

李泌张口就来了个"方如行义，圆如用智，动如逞才，静如遂意"，格局远超张九龄。所谓"围棋广泛外延"，就在于此。围棋有输赢，但弈棋何止于输赢？能看出更广阔的天地，才是人与机器的最后不同。

六、人机分野：确定还是不确定？

在围棋这个项目上，机器赢了人类，这已经是一个事实。但机器为什么能赢得这么彻底，不给人类任何翻盘的希望？深入思索这个问题是很有价值的，从中不定能看出目前人类智能与人工智能的分野所在。

从哲学上说，围棋是一个确定性系统。在给定初始条件下，按照既定规则，进行运动或运转，最后获得一定的结果。从理论上说，只要运转规则已知，无论方程还是物理学定律都一样，再加上当前系统状态已知，那么按道理，未来任何时刻这个系统的状态都是已知的或可推导的，这就是确定性系统。

围棋，不管怎样落子，到最后一定会有输赢，而且以 361 个下棋点来算，即便可能性高达 2 的 361 次方，计算量巨大，但仍然有限度。在不考虑外在影响的情况下，围棋是一个封闭系统，所以围棋毫无疑问属于确定性系统。在这样的状态下，机器的优势得到最大的体现。人工智能擅长处理复杂的确定性问题。因为确定性问题都是有限的，不管怎么复杂，只要机器的计算能力足够强，不受外力干扰，就一定能够通过既定规则，反复计算，来完成任务，这是机器的优势。

相反，人类面对复杂性问题时，不会单凭有限的计算能力殚思竭虑，一定会把复杂的问题简单化。中学生之所以要学物理、化学、数学等，就是为了把复杂的世界简单化。掌握基本规则，知道 $1+1=2$ 之后，再来解释这个复杂的世界，这是人的思维方式。所以，人类下围棋要知道"金角银边""先急所后大场"这些规律，但是机器根本就不考虑。至于人类还会超出当前问题的范围，借用习得的规则和知识，来解决未来的问题，所谓"融会贯通""举一反三"，那更是机器做不到的。

所以在围棋上，人输给机器，没有什么可以悲哀的。输了围棋，反而让人有了一项极其重要的发现，"原来确定性领域本来就属于机器智能"。在属于机器的领域里，人类在几千年里能做得这么好，值得骄傲，何来悲哀？

人类可以识别人的面孔，现在机器的人脸识别做得也很好。但这原来是人的功能，人识别父母、朋友、同学和不同的人就靠看脸。但人通常不会意识到这个面部识别过程。潜意识直接给出结果，背后是人类神经网络已经在运算了，只是意识不知道。这样的计算方式是生物进化给予我们的，但是人类文明的发展方式并不依赖于进化。人类社会发展不靠生物进化，不靠肉体结构上的进步来维持劳动成果，而是靠文明进步，靠一代代的成果积累，这是人类的进化方式。通过推理、意识、思维和总结规律，把成果传给同类、传给后人，这样才能推动文明进步。两类智力，哪一种对人类未来发展更重要，不难回答。

机器下围棋能赢人类，打麻将则未必。因为围棋取胜很少具有随机性，而麻将的随机性很大。机器的智能水平再高，人摸了一把"天胡"，即上手 14 张牌就凑齐了，直接把机器干掉。机器再聪明，也比不过人的手气。所以，不可能发明必赢的麻将算法，但可以发明赢面最大的麻将算法。打 100 万局，机器赢的局数最多。麻将这个带有随机性的游戏同样可以确定化，仍然可以有很好的、智能的方法，来

争取最大的赢面。不以一局输赢为计，而以最后输赢局数为计，机器
在麻将上取胜人类，不是问题。

七、世界是确定的吗？

围棋属于确定性领域，但确定性领域并非局限于围棋。在某种
意义上，凡是逻辑和计算有用武之地的，都属于确定性领域。人类思
维方式或者说理性思维方式在本质上是还原论或归因论的。世界虽
然复杂，但可以归纳为特定要素的作用，并由此总结出一些基本的原
则，再加上逻辑推理，最后得出可靠的指示体系。这就是通过逻辑和
计算获得知识、提升智能的不二法门。

100年前，德国数学家希尔伯特（Hilbert）提出了著名的"希尔伯
特计划"。他主张，只要有了基本原则，比如有了万有引力定律和数
学方面的定理规则，就可以推出所有可能的知识。人类可以从初始原
则出发，经过可靠推理，得出所有可能的知识，已知的或未知的知识。
这等于说，如果人类所处的世界真的是一个确定性领域，那人类就不用
劳心费神却还盲目地探究，只要计算一下，文明就可以大踏步进步。

在希尔伯特计划中，所有确定性系统必须满足三个基本条件：

一是完备性。所有正确的陈述在这个系统都可以得到证明。

二是一致性。一个问题在系统当中不能有两个结果。同一个问
题不能有两个回答，1+1不能既等于2、又等于3，这肯定不对，因为
彼此冲突。所谓一致性就是不矛盾。

三是可判定性。任何一个有意义的陈述，利用这个系统都能判
断其对错。

希尔伯特提出的这个计划，极大地鼓舞了当时人类最优秀的大脑，只要确定人类世界符合这三个条件，终极真理就在眼前。

用一个不太恰当的例子打比方。希尔伯特计划所说的"确定性系统"如同现在学校里学生做数学题。老师给出的题目一定有解，这就是完备性。解一定只有一个，这就是一致性。出题时老师就知道一定有解，并且掌握了那个解，这就是可判定性。今天学校教育之所以教不出好学生，就是因为太好地满足了希尔伯特计划的定义，但现实世界跟学生手里的数学习题集根本不是一回事。

1900 年，希尔伯特在世界数学家大会上一口气提出了 23 个问题，在此后 100 年时间里，这些问题推动了数学领域和数学学科的发展。大师就是大师，不仅自己成果累累，而且可以规划一个领域上百年甚至几百年的发展。当时，希尔伯特在演讲中充满信心地说道："一个问题放在我们的面前，不管这个问题有多难，不管在这个问题面前我们显得有多无助，但我心里有一个信念，经过有限度的推理、计算，这个问题一定有解。是这样的信念鼓舞着我们前进。"

希尔伯特是德国人，德国有一个古谚语："我们不知道，我们不可能知道。"希尔伯特把它改为："我们必须知道，我们必将知道。"这两句话被他作为墓志铭，刻在自己的墓碑上。希尔伯特计划是宏伟的，但没有实现。没过几年，年轻的哥德尔论证了希尔伯特计划在理论上是不可能成功的。

哥德尔的证明很复杂，这里只能介绍他的结论。哥德尔说："任何无矛盾的公理体系，只要包含初等算术的陈述，则必定存在一个不可判定命题，用这组公理不能判定其真假。"他的意思是，完备性和一致性不可能同时存在于同一个公理体系中。也就是说，一个完备的公理体系中一定存在着矛盾，一个没有矛盾的公理体系一定不完备，即存在悖论。

悖论的产生意味着人类思考达到了边界，遇到了瓶颈。悖论的表现形态是，当一个人说"是"时，其实是"不是"，而当他说"不是"时，其实又是"是"。

西方哲学史上有一个著名的悖论——理发师悖论。

有一个理发师很傲慢，别人问他："你给谁理发？"他回答说："全世界所有的人，只要不给自己理发，我就给他理发。"碰巧被一位哲学家听到了，问了他一个问题："你给不给自己理发？"理发师无话可说。因为如果他给自己理发，那他就不该给自己理发，因为这个人给自己理发；如果他不给自己理发，他就属于"不给自己理发"的类别，他就必须给自己理发；但一旦给自己理发了，他又变成"给自己理发的人"，他就不该给自己理发。这就是悖论。

20 世纪初，英国数学家、文学家、哲学家罗素提出了著名的罗素悖论，这个悖论仅涉及"集合"这一个数学概念。集合就是一大堆元素凑在一起，有些集合包含自身，有些不包含自身。数的集合包括数，但不包括集合自身，而所有集合的集合，必须包括自身，因为自身也是集合。

罗素由此提出一个问题：由所有不在自身中的集合构成的集合在不在自身中？如果在，那么这个集合作为一个在自身中的集合，不应该在自身中；如果不在，那么这个集合作为一个不在自身中的集合，又应该在自身中，这就是悖论。无论回答为何，都是错的。所以，完备性命题的证伪非常简单，用集合概念就可以解决，而集合概念在数学中属于基础部分。如果这个问题都搞不清楚，还能相信理性是完备的吗？

哥德尔论证了完备性和一致性是不可能同时存在的，还剩下可判定性问题没解决。这个问题等待图灵来解决。

喜欢长跑的图灵，一次跑完后坐下来休息时，因为刚读了哥德尔的论文，突然灵感来临，可判定性问题迎刃而解。堪称人工智能领域的里程碑式成果的《论可计算数及其在判定问题上的应用》在图灵24岁那年就问世了。

世界上伟大成果的题目有两类：一类像牛顿的《自然哲学数学原理》，一看名字就知道很宏大，要解释大自然；还有一种就像图灵这篇论文的题目，看半天未必知道他要说什么。

图灵说，所有计算都是可以用图灵机完成的。图灵机可以无限多，但一定是可数的。实数这么多，只有一小部分可以计算得出来，绝大部分的数字是人类根本无法算出来的，但它实实在在地在那里。那能否造一台机器，判定哪些数字可以计算，哪些不能计算？图灵回答说，不可能，这个问题用图灵机是不可判定的。

今天，所有计算机都是图灵机，在计算机界，图灵机占据了相当于鼻祖的地位，这很了不起吧。其实，图灵机只是图灵解决判定性问题的副产品。图灵在思考诸如希尔伯特计划这样终极性问题时，就像解几何题，需要拉一条辅助线，结果诞生了了不起的图灵机。真实的世界并非确定的。退一万步来说，就算具有确定性，也可能蕴含着矛盾，理性不允许绝对的确定性。

八、机器智能的发展有边界吗？

没有人能说清楚什么是智能。20世纪五六十年代，科学家借助计算机做定理证明,那时候希望机器可以实现的人脑功能就是推理。1958 年,美籍华裔数学家王浩在一台比较原始的 IBM704 计算机上用 9 分钟时间推出了《数学原理》中全部 150 条一阶逻辑定理,这就是定理证明。六七十年代发展了专家系统、知识图谱,21 世纪以来蓬勃发展的是深度学习,这些都是机器智能可以做的事情。

把机器智能置于人类文明史的视野中考察,就会发现,其实动力来自人类自我外化的需要。人类为了减轻劳动强度,发明了机械,机械多了,人类操纵不过来,就开始追求自动化,不用人操作,机械也会自己工作。自动化的机械运行需要指令,数据多了,人类处理不过来,又开始发明人工智能。在某种程度上,人类发展过程就是一个底层脑力不断外化的历史。

记忆能力是在 3 000 年前外化的。《荷马史诗》有两大卷,但荷马能背下来,一个个村庄走过去,唱给人听。荷马记性好,能记住,别人未必行,所以这些诗歌被称为"荷马史诗"。后来有了书写、印刷和书籍,就不需要那么好的记忆力,记忆能力被外化进了书籍中。

现在到了智能外化的时代,今天的人就是这个历史性转变的见证者。这两年随着诸如 AlphaGo 等智能机器人的出现,人类对复杂的确定性系统进行处理的能力开始急剧外化。机器智能完全、绝对占据确定性领域的前景已经呼之欲出!留给人类的领地是非确定性领域,创造的领域,也就是在创造实现之前,谁都不知道最后产生出什么东西的领域。

创造力就是提出问题的能力,想象力、情感能力、审美能力,这些同创造力有关的能力,都属于非确定性领域。至少到现在为止,这些领域还是"属人"的,机器智能还没有能力进入。这不是机器的无能,而是人类自身的局限，因为至今没有人能给出让大家信服的回答，到底什么是创造力？我们可以举很多例子，但没办法给出精准的、可量化的定义，更找不到可操作的创造流程。对于信息、智能、创造力、能量等，只有当人类对世界有了更深刻的看法并成型之后，或许才能给出很好的回答。

不过，至少在当下，有一点是肯定的，那就是人工智能还难以侵入为人所专有的不确定性领域。人可以造出许多类似于自然物又胜过自然物的东西，但人可以理性、可控地造出比自身更高级的造物吗？单纯说"造"，并不难，用两性繁殖的手段就可以造出聪明强壮的下一代。但是人类追求的目标是"理性可控地制造"，这才有价值，也才不容易。"造"一个人很容易，地球上天天"造"出成千上万个人，但任何一对夫妇都没有把握自己"造"出的下一代是聪明美丽的，哪怕让最聪明美丽的男女结合在一起，也无法保证其子女能超过父母。至少"造人"还是一个非确定性领域。在人类自己尚无法确定的领域中，引入"人工"的东西从而获得确定性后果，无论是否可能，至少听上去就是一个悖论。

在未来，人工智能或许能够进入非确定性领域。而且，现在的确有了一些迹象，比如说，利用人工智能对非确定性世界进行估计或预测，这是做得到的。其实，不用人工智能，只用正常受过大学教育的人都多少知道一点的概率统计，就可以对某个非确定性事件做出预见。这也是对处理非确定性领域的一种方式。目前，在机器学习中普遍使用的贝叶斯理论正是人类对于非确定性的一个度量与推理体系。

按照这样的思路，人工智能能否进入非确定性领域，能否像人一样进入非确定性领域，甚至比人做得更好，就应该是一个开放性问题。在这一点上，人对自己要有所节制，有时候，少一点理性的傲慢，才能让理性更好地发挥作用。生活经验告诉我们，要想抓起一把沙子，不能抓得太紧，抓得越紧，流失得越多，手放松一点，才能抓得更多。如果人类像对自己孩子一样对待人工智能，人工智能或许可以发展得更好、走得更远。

纯粹从技术上说，人工智能走出确定性领域，进入非确定性领域是完全可能的，借助量子计算就是一条可能的路径。大家知道，量子是概率的，量子计算是计算方面的一项实质性突破。

以前，面对世界，人类无法观测时，就会想到计算，利用数学的方法，预测将来会怎样。比如，算出月食什么时候发生。现在，世界太复杂，人类无法通过简单计算来认识之，我们怎么办？可以造一个物理系统，通过观测物理系统的结果，获知计算结果会是怎么样的，这就是量子计算。当下，科学家最希望通过量子计算来解决非确定性的图灵机在多项式时间内可以猜到的问题。对于任何一个问题，量子计算都可以在多项式时间内解决掉，大概率地观测到真正的解，这就是量子计算的普适性，也是未来人工智能进入非确定性领域的理论路径和技术通道。

九、人机交流是可能的吗？

人与机器分属两种不同的智能，彼此之间能否对话，不仅具有理论意义，而且具有实践价值。要实现人机对话，必先解决人与机器的相互理解问题。在未来世界里，人和机器如果可以交流，用的语言一定是机器的语言，而不是人的语言。机器无法理解人的语言，但以人的智力水平和人造机器的现实，人类可以理解机器使用的语言。

谈及人机交流，自然会遇到另一个重大问题，机器会有意识吗？如果机器没有意识，人与机器交流什么？很多专家认为，一定不能让机器有意识，不能轻信强人工智能，一旦机器有了意识，会脱离我们的控制。机器人科幻小说的首创者阿西莫夫曾经提出"机器人三原则"，其中第一原则就是"不得伤害人"。人造的机器不能成为人类杀手，这对人来说，十分重要。问题是怎么让机器意识到"不得杀人"？人类个体有"我"的意识，大概在两三岁时，人开始形成自我意识，其语言表达就是"我"。在此之前，幼儿习惯用家人称呼他的名字称呼自己。会使用"我"，在心理学上被认作个体自我意识形成的标志。

机器会不会有自我意识，不知道。至少目前所有的人工智能都还没有意识，而且科学家也无法定义适用于机器的"意识"概念。也许，某个机器人已经有了意识，但人类还不知道，实验室里传来的消息是，两个机器人不但开始对话，而且使用了人类听不懂的语言。惊恐之下，技术人员采取了最原始、最野蛮也最有效的手段，断电关机。总之，对机器的自我意识问题，人类的认识还非常非常的初级而且有限。

但如果对机器的自我意识采用比较宽泛的定义，或许可以说，系统获得自身的反馈也可以视为系统具有了自我意识。波士顿动力学公司制造的机器人会站在箱子上做后空翻。在这个过程中，机器人肯定要维护自身的平衡，以避免翻倒。为此，必须有一个对自身所处平衡状态的监测和矫正，其中少不了对系统现状的反馈。就此而论，这台会后空翻的机器人是否可以被认为已在某种程度上具有了自我意识？

所以，机器到底能否具有或者已经具有自我意识，根本上取决于我们如何定义自我意识。如果把意识定义在系统反馈的层面上，应该承认机器人已经有了自我意识；如果定义在自尊心层面上，机器人应该还没有自我意识，暂时也不像有的样子。机器人后空翻摔倒了，人在边上取笑它、辱骂它或表扬它，机器人都不会有反应，更不会影响它接下来的动作。这一点上，机器人远远没有达到马戏团里动物的自我意识水平。

反过来，机器没有自我意识，但机器人的表现已经严重影响到人类的自我意识。AlphaGo 下围棋，把人类高手全部挑翻在地，一点尊严都不给。虽然人类未来可以继续进行围棋比赛，但摆脱不了一个心理阴影：哪怕赢了所有人，得了世界冠军，但心里明白，还有高手没有出场，如果 AlphaGo 上场，他将输得满地找牙。

人类如果由此开始向机器学习围棋，最后的感觉同样好不到哪里去，作为智力游戏，如果不是自己想到的妙招，即便一枪毙命，哪有一剑封喉的感觉好。没有功夫，没有创造，作为智力游戏的围棋对弈，还有那样的魅力吗？

所以，AlphaGo 赢了围棋高手，虽然不等于说机器智能已经完全战胜人类，但至少人类这项最高级的智力游戏已让许多高手索然寡味，这也是可以想象的。人类从来就以"万物之灵"自许，其依据就是人类最聪明，所以，一旦面对比自己聪明的机器人，心中多一丝失落，实属正常，而且正常到不能再正常。唯其如此，我们才可以说毕竟人类智能与机器智能不是一回事，人类有自我意识而机器没有。

第四章
"小冰"作品的诗意哪里来?

"诗言志，歌咏言，声依咏，律和声。"中国文化对诗歌的这一经典定义出自《尚书·尧典》。发心声以文字，即为诗；谐声和律，歌之以咏志。究其文学意义，诗是集哲学的抽象、艺术的美丽于一体的最高文字表达形式，也是人类存在的最高形式之一。

现在机器人"小冰"出版了自己的"诗集"，看来高雅如赋诗从此也被机器接管了，诗歌爱好者只需将"假凤虚凰"信手拈来，把玩吟诵，不亦乐乎，何须搜索枯肠、必欲"语不惊人死不休"？

不过，空发感慨，易；守住人类最后禁地，难。

展望未来，智能机器到底是停留在玩"拼字游戏"阶段，无法在"言志"上跟人类一比高下，还是拿下这个智能高地，同人类彼此唱和，尚难断言。

一、诗歌何以人文？

信息时代，技术的发达让各种信息渗透个人和公共生活的方方面面且无休无止,既大大方便了人际交流,也让交流空前浅薄化、碎片化和庸俗化。每天汹涌而来的流量,像浪涛拍碎在沙滩上,连水渍都没有留下,就被后来的信息湮没了。不要说千年流传,明天还能记得的短信微信,又有几许？这真是一个文字太多而作品太少、作品太多而流传太少、流传太多而经典太少的时代。令人恍恍然有隔世之感的是,当下竟然仍有一些学者坚守文人的情怀、意趣和兴致,唱出了技术垄断下人的存在感,在面对面的交流、雅集、诗词唱和、书画往还中,不知今夕何夕。

2009年,上海昆曲研习社一众诗友,追慕古人风华,去往黄山雅集唱曲,隔着千年漫漫风烟,致敬前贤,抒发当下。如此盛景尽收于一阕《金缕曲》:

> 明末,弘仁、江注唱于黄山,琴箫合奏,仙猿闻之以啼鸣。四百年间一瞬耳。去岁孟秋,共沪上昆曲研习社,往黄山唱曲。过午,抵山麓之猴谷。黄昏时分,潺潺溪水边,乃曲会开锣。入夜,余兴未了,遂挑灯于曙光亭上。是时也,群笛呼应,曲唱不歇,星月同辉,山山可数。
>
> 哪处曾相见？遍黄山,重循旧径,又闻莺燕。一霎仙猿啼啸处,曲社鸣锣开宴。更合取,溪声溅溅。多少鸿泥成往迹,共座中一曲桃花扇。歌未罢,暮云变。
>
> 云间不似寻常院。且留连,曙光亭外,雨丝风片。谁慰飘零谁人和,撅笛弹词千转。曲杂奏,松涛幽咽。亭会歌吹浓于酒,忽醉时山谷星如霰。端正好,漫磨研。

这岂止是雅集,更是文化传承、生活方式、审美趣味乃至人生信仰！

这边厢，诗人吟唱犹在耳畔，那边厢，会作诗的机器人已叫板门前，风和日丽转眼阴云密布，绿肥红瘦翻作雨打残荷，古体诗歌是否已来到万劫不复的悬崖边缘？

二、机器诗人真的技胜一筹？

柯洁被 AlphaGo 完胜之际，泪洒棋枰，媒体评论为"哭得像被压在五指山下的齐天大圣"。机器以 60 连胜横扫中日韩顶尖高手，有音乐人发微博说："为所有的大国手伤心，路已经走完了……荣誉信仰灰飞烟灭。"更悲哀的是，"等有一天，机器做出了所有的音乐与诗歌，我们的路也会走完"。

一语成谶。

没多久，"中国之声"推出《"进击"的 AI》系列报道，说人工智能不仅会下围棋，还写起诗来，竟然出了诗集。

自尊的人们依旧相信人工智能写的诗词必定语无伦次、不堪一读。果真如此？这里，读者不妨自己比对和判别一下，哪首是机器作的，哪首是人写的。

《春雪》：

> 飞花轻洒雪欺红，雨后春风细柳工。
> 一夜东君无限恨，不知何处觅青松。

《雪峰》：

白云生出起高峰，鬼斧神工造化功。

古往今来谁可上，九重宫阙握权衡。

有人猜《雪峰》是人工智能写的，因为里面有一个熟词"鬼斧神工"，通常诗人不会直接把被用烂的成语或熟语搬入诗中，只有人工智能光会组词，不懂规矩，才敢公然入诗。

也有人认为《春雪》应该是人写的，因为"雪欺红"颇有意境，以机器的智能水平，很难有此神来之笔。

答案出乎意料，机器完胜。

第一首《春雪》是机器写的，第二首《雪峰》是人写的。当然，写这诗的人也不是一流高手，将"鬼斧神工"直接搬入诗中，属于"低级错误"，还多半不是偷懒所致。

世无英雄，遂使"机器"成谋！

其实，《春雪》在时序、逻辑、特别是大感觉上都有不对的地方，"东君"指的是太阳，"一夜东君"本身就不通得很。所以，机器写的诗一眼看上去像诗，却经不起推敲，缺乏诗的内在情感和逻辑。

一组不说明问题，那再来一组。

《悲秋》：

幽径重寻黯碧苔，倚扉犹似待君来。

此生永失天台路，老凤秋梧各自哀。

《落花》：

红湿胭艳逐零蓬，一片春风细雨濛。

燕子不知无处去，东流犹有杜鹃声。

有人认为，《悲秋》应该是人写的，因为感情和逻辑上比较连贯。确实，第一首在时序和逻辑上比较到位，而第二首的部分语句比如"东流犹有杜鹃声"，组合牵强拗口。"诗无达诂"，诗词固然不求甚解，但挑剔文字的人对细微之处的违拗，还会有骨鲠在喉的感觉。

第三组难度大了，这是两首同名的《秋夕湖上》，机器经过不断学习，突飞猛进，人写的这首却不甚突出。

《秋夕湖上》：

一夜秋凉雨湿衣，西窗独坐对夕晖。

湖波荡漾千山色，山鸟徘徊万籁微。

《秋夕湖上》：

荻花风里桂花浮，恨竹生云翠欲流。

谁拂半湖新镜面，飞来烟雨暮天愁。

显然，第一首应该是机器写的，"一夜秋凉雨湿衣"，说的是一夜过完了，后面又讲"西窗独坐对夕晖"，时间上有冲突。除此之外，其他的还说得过去，比现如今一本正经的"打油诗"好多了。

总的来说，智能机器人的佳作虽然跟一些三流诗人的作品已不分伯仲，但往往靠偶然得之，放到一流诗词高手面前，撇开逻辑不说，在意境、情感上仍然相去甚远。

其实，机器写诗并非始于今日。

早在20世纪70年代，有好事者弄了个高频诗歌词语转盘，形同轮盘赌，转到哪个词就记录下来，连起来生成一首"诗"，名之为"word salad"——把各种词语像沙拉一样拌在一起。

进入21世纪，有了人工智能后，机器写诗增加了内在合理性，才能以假乱真以至于是。几年前，旧诗圈里诞生了一款颇有战斗力的作诗机（稻香居网络作诗机5.00）。方家经反复比对，得出一个结论：机器擅长写工整的七律，而用于内在要求更高的五律，则显得凑合，至于七绝、五绝、词等，就不堪卒读了。偶尔这机器也能写出吸引眼球的句子，比如："高低峭壁临空尽，宽窄长河向地悬。"状景熨帖，气象宏大，虽然依旧有些拗口，但确有新意在。

一位朋友见之，诗兴大发，将其扩充完整，每一句都不输此对句，且对仗应用都很好，全诗气贯神连，真似同机器较上了劲：

> 梦我醉眠乎九天，逡巡歌哭以穷年。
> 高低峭壁临空尽，宽窄长河向地悬。
> 眼底营营真聚蚁，云间寂寂可求仙？
> 茫然欲语成悲感，风里飘摇一纸鸢。

三、"小冰"诗作有何高妙？

由微软公司发明的机器人"小冰"，通过对1920年后519位现代诗人的上千首诗，经过 10 000 次迭代学习，练就了写作能力。"小冰"
每次学习时间大约是 0.6 分钟，10 000 次仅需要 100 个小时，至今创
作了 70 928 首诗，从中被精心挑选出 139 首，结集出版，谓之《阳光失
了玻璃窗》。为了给"小冰"的作品申请书号，还惊动国家新闻出版广
电总局的高层，因为机器人写诗出版多少涉及伦理和法律问题。

"小冰"学习的都是现当代最经典、最有代表性的诗人和诗作，包
括林徽因、徐志摩、余光中、顾城、北岛等，经过反复训练，已然形成
"独特的风格、偏好和行文技巧"。"小冰"的学习特征在作品中有鲜
明流露，哪个阶段学习哪个人多一点，就会偏向这个诗人的风格多一
些。"小冰"的"作诗生涯"始于 2016 年，正式发布前，曾多次暗中试
水，还以真人身份投稿，从 2017 年 2 月开始在天涯、豆瓣、贴吧和简书
上用 27 个化名发表作品。"小冰"也曾向杂志社和报社"投稿"，并收
到刊发的邀请。

"小冰"写的现代诗是这样的，比如《生命的颜色》：

> 你双颊上的道理／是人们的爱情／撒向天空的一个星／变幻
> 出生命的颜色／我跟着人们跳跃的心／太阳也不必再为我迟疑／
> 记录着生命的凭证／像飞在天空没有羁绊的云。

看起来满眼是诗，却经不起简单推敲。比如"你双颊上的道理"
就是臆造的句子。但现代诗往往本身即为零碎蔬果的拼盘组合，越
是"语无伦次"，读者越会觉得拽、牛，要的就是跟你平时接触的文字
组合和语序句式的不一。然而，奇则奇矣，巧则巧矣，根基甚为不稳，
一触即倒。这犹如奥运会和吉尼斯的区别，前者拼的是实力和技艺，

后者只有奇巧和搞怪,虽然不乏创意,毕竟少了灵气,多了取巧,人类的志向也单薄了不止一点两点。"小冰"的诗词每一句都比较跳跃,有奇巧的语境,但浑然不知所云,没有内在逻辑,诗中所说的"像飞在天空没有羁绊的云",似乎正可视为小冰诗作缺乏逻辑的写照!

再如"小冰"在《尘埃》中写的"五分了艺术纵通,一去不返于古代人",完全不通。"曾经在这世界,我有美的意义",这句话很不错,天空中没有留下"我"的痕迹,但"我"曾经飞过。就像苏东坡所说:"(吾)画不能皆好,醉后画得,一二十纸中,时有一纸可观。"东坡自谦,说自己好的画都是靠碰得的。"小冰"的诗词中,也常有靠碰得但确实惊为天人的零散佳句。

"小冰"还能够根据提供的图片即兴作诗,其最擅长对风景照片的描绘,天空、花朵、楼宇……都能被当作创作的意象,组合成完整的诗句。偶尔跳出"眺望我们的爱情,我要让你看不见"这种有意味的句子。

诗人"小冰"火了,并不意味着小冰们拥有了类似于人类一样独立的"情感",实际上只是模仿人类使用语言的表达规则,来拼凑抒情的诗词。《红楼梦》中写到勤勉的香菱向林黛玉学诗,黛玉传授了一些简单的诗歌写作方法,"小冰"学诗也类似,尚处在蹒跚学步阶段,靠概率出现意象自然拼贴的佳句,但基本没有逻辑鲜明、情感连贯的精彩篇章。

诗词本身诉诸人类的联想,因此给了意象拼贴以较大的想象空间,即便毫无关联的两句话放在一起,读者也会把自己的经验和情感投射进去,从而"读出"其中的诗感,意兴盎然。西语曰:"有一千个读者就有一千个哈姆雷特。"这里重要的不是哈姆雷特,而是读哈姆雷特的读者。

但是毕竟在人工智能的技术下，机器对于词句组织的学习有了突飞猛进的发展，往往可以自然构成意境，呈现出逻辑通顺、组词灵动、意象奇特的外部特征，开始展示出一定的艺术风采。相比那些只知道使用"回车键"的诗人，还胜了一筹。

现在的问题是，未来又会如何？机器智能能再上一层楼吗？

四、机器诗人如何创作？

研究人文学科的人，对机器智能最不屑的一点是："你可以重复人的劳动，但你会创作吗？"确实，机器写出来的诗，很冰。"小冰"这个名字起得挺好，或许没有情感的温度，但确有自己的洁白美丽。

古人说的"诗言志，歌咏言，声依咏，律和声"，用现代人工智能语言来说，正合于诗歌生成模型的三个组成部分：言模型，即语言的语义模型，写诗不能词不达意；歌模型，即词句的艺术模型，写诗要用诗的语言，要有抽象的形式美和形象化的意境；律模型，即诗歌的音律格式。律模型是规矩，不用学习，作为规则，让机器遵守就是。这就是为什么机器写的诗，韵律都很好。言模型是自然语言理解技术发展的直接产物，而歌模型则得益于深度神经网络技术的成熟。

在哲学思维向度上，科学有英美经验主义和欧陆理性主义之分。英国人的经验主义思想在近代科学的发展中居于主流地位，这在大数据时代尤为突出。前面提到的贝叶斯理论正是源自经验主义的统计学逻辑。经验主义和理性主义的学派之分在自然语言处理中同样壁垒分明。

在自然语言处理中有基于理性主义的语言学派和基于经验主义的统计学派。麻省理工学院的乔姆斯基（Chomsky）提出了计算语言学，因此成为语言学派的开山鼻祖。乔姆斯基认为，理论先于事实。语言是结构化的，语言的结构是内在的，而不是通过经验习得的。语言的可能性是无限的，统计不可能解决问题。乔姆斯基对统计方法的排斥，恰似波普尔对归纳法的批判。

在乔姆斯基看来，人对语言的创造性使用能力是人性的标志。乔姆斯基认为机器是被迫行动，而人则是主动行动或煽动，语言是心灵的镜子，诗是人对语言的创造性使用能力的体现。既然诗歌体现了人类高级智能，那么通过让机器赋诗作词，来检验图灵测试，验证人工智能，就是完全合理的了。不过，由于计算语言学醉心于语言结构的研究，在语言模型上偏重于文法，所以，生成的诗词乏善可陈。毕竟，用如此简单的语言模型就想生成好的作品，实在有点过于小看诗歌了。

出现于 20 世纪 70 年代的早期诗歌生成模型，即所谓"词语沙拉"，只是简单地将词语进行随机组合和堆砌，并没有考虑语义语法要求，最后得到的多半是诸如"苹果吃姑娘，残红杀马特"的戏谑效果。用来恶作剧可以，但诗人不会视之为"创作"，科学家更不会认可里面有"智能"。

而后，人们发展出基于模板和模式的方法。这个方法类似于完形填空，将一首现有诗歌挖去一些词，作为模板，再找些其他词进行替换，产生新的诗歌。这种方法生成的诗歌在语法上有所提升，但是灵活性太差。因此后来出现了基于特定诗歌模式的言模型，通过对每个位置中词的词性加以规定后，再引入律模型，对韵律平仄进行限制，由此生产新的诗歌。

这里拿李白的五言绝句做例子。先把五言绝句拆开，套入设计好的平仄模型，然后从李白习用的词库中随机选择字词，组合起来就有了。这形同把李白的五言绝句，打散成乐高积木，重新组合，生成有平仄特征的新诗。比如，"羞玉未曾看"，被打散成"羞玉"和"未曾看"；"燕然水月牵"也被同样分成两个词组。因为五言绝句有平仄格律，所有诗句都被打散后，仄仄、仄仄平平、平平这样的格律模式自然呈现出来。

一切准备好之后，根据模板，给个随机数，就可以生成对应的五言绝句。比如选取某人生日，按照年月日的数字，分别在不同列的对应行中找出词语，最后生成这样的五言绝句：

羞玉竟不还，西湖哀苦寒，
凤楼留不住，夜郎醉不眠。

如果换个人，也用他的生日做索引，可以生成另一首诗：

羞玉贵乡还，江南觉夜寒。
凤楼都莫问，夜郎齿开难。

两相比较，第二首明显暧昧不少：寒夜去凤楼，所为何来？既然不让人问，自己当然更不会主动讲，所以"齿开难"。如此诗作是否逻辑性和连贯性都好多了？

这些方法都是基于计算语言学的思想，没有太多的学习。后来，人们在这些工作的基础上加以改进，开发出"遗传算法"。所谓"遗传算法"实际上是一种全局优化算法：设定一个评估函数，对搜索的结果，不断评估，不断修改，反复迭代，直到取得预先设定的满意结果。

在人工智能技术范围内，诗歌生成可以看作一个搜索问题。先从随机诗句开始，然后借助人工定义的诗句评估函数，对生产的诗句做出评估，而后按一定的进化规则作词的置换，再作进一步评估，不行的话，再置换，反复迭代，一直到最后生成的诗句满足要求，迭代方才停止。这个算法的优点是能取得较好的结果，只是缺乏语意连贯性这个问题还无法解决。比如，写一首词，爱好文学的人都知道，词比诗难写，就可以基于遗传算法来生成。整个"创作"过程大体如此：

先确定关键词：主题——菊，词牌——清平乐，风格——婉约。

然后输入一首《清平乐》词，借助人工定义的诗句评估函数不断给出评估，进行迭代，最终得到的词：

> 相逢缥缈，窗外又拂晓。
> 长忆清弦弄浅笑，只恨人间花少。
> 黄菊不待清尊，相思飘落无痕。
> 风雨重阳又过，登高多少黄昏。

懂诗词的读者会发现，词中几乎每一句的感觉都对，但是合在一起，味道便不对了，逻辑联系和语意连贯上都有问题。要用来装个"文艺范"，忽悠人，还是能办到的，但要碰上懂行的人，就露馅了。

如果把生成条件改为：主题——佳人，词牌——点绛唇，风格——婉约。

再把上面的词输入，通过计算机进化迭代，最终就会得到一首《点绛唇》：

> 人静风清，兰心蕙性盼如许。
> 夜寒疏雨，临水闻娇语。
> 佳人多情，千里独回首。
> 别离后，泪痕衣袖，惜梦回依旧。

年轻人用这首词来约会，不定能"一击而中"。

自然语言处理的技术突破发生在 1988 年，在那年举办的计算语言学会议上，IBM 的 TJ Watson 研究中心机器翻译小组发表了关于统计机器翻译的论文，并推出法语/英语的翻译系统 Candide，这标志着大数据时代统计学派的兴起。统计学派的一员主将就是这个小组的核心人物贾里尼克（Jelinek），作为一名信息论专家，他的名句是："我每开除一名语言学家，我的语音识别系统的性能就提高一点。"

在后来的几年里，统计学派大获成功。2016 年，Google 发布的神经机器翻译 GNMT（Google Neural Machine Translation）系统再次大幅提高了机器翻译的水平。Google 使用了循环神经网络 RNN（Recurrent Neural Network），以句子为基本单位，一个句子就是一个系列，进行序列到序列（Sequence to Sequence）的学习。这个基于深度神经网络的翻译技术相比 Google 早期基于短语的翻译系统，误差降低了 60%，翻译质量获得巨大提升。2017 年，Facebook 进一步提高了翻译效率。他们采用卷积神经网络 CNN（Convolutional Neural Network），进行序列到序列的学习。Facebook 声称，英文—

德文和英文—法文翻译的基准测试表明，他们的结果在准确度上不输于 Google。

统计方法的一个特点是不需要语言学知识，也就是说不需要懂源语言或目标语言，就可从事机器翻译。对一个机器翻译器而言，究其根本，翻译并不是理解的问题，翻译本身不需要解释，翻译只是找到源语言与目标语言之间在统计上有意义的对应关系，而这同语义无关。这个观点对诗歌的生成同样适用。也就是说，诗歌生成可以看作一个机器翻译问题，将上一句看成源语言，下一句看成目标语言，用统计机器翻译模型进行翻译，并加上平仄押韵等约束，得到下一句。通过不断重复这个过程，就可以得到一首完整的诗歌。只要让机器学的诗足够多，最后生成的诗在质量上应该是很不错的。

以词句为基本单位的机器学习所对应的不是言模型，而是歌模型。在言模型上生成的诗歌非常依赖于诗词领域的专业知识，需要专家设计大量的人工规则，对生成诗词的格律和质量进行约束。所以，一般都用于生成格律诗。对于像"小冰"那样创作现代自由诗，我们就必须用以词句为基本单位来学习的歌模型。

歌模型需要用深度神经网络，如循环神经网络 RNN 来表达。在训练时，诗歌的整体内容被作为训练语料送给 RNN 语言模型进行训练。训练完成后，先给定一些初始的诗句，然后按照语言模型输出的概率分布进行采样得到下一句诗句，不断重复这个过程就产生完整的诗歌。这是"小冰"这样的机器诗人的基本构造。

歌模型也存在一些明显的问题。例如，用户的写作意图基本上只反映在初始提供的诗句中，所以，前面生成的诗句尚能达意，随着生成过程持续进行，后面句子和用户写作意图的关系越来越弱，随之可能出现"主题漂移"，即所谓词不达意。所以，需要采用各种方法来加以改进。例如，可以提供场景信息。下面说到的"看图写诗"就是一个很好的办法，图就代表重要的场景信息，也可以参照人类写诗反复修改的过程，加入打磨机制，通过反复迭代来提高诗歌生成质量。

一般说来，对于这些有规则的知识，机器掌握得肯定比人快、比人好。机器不如人的地方，一是没有情感，二是连贯性不够好。所以科学家继续努力，试图通过让机器学习更多的好诗，来解决连贯性问题。不过一味以逻辑连贯性或语意清晰度来衡量诗词优劣，也容易出错。古诗词中不讲逻辑甚至不知所云的佳句着实不少，比如李商隐的名作《锦瑟》中有"沧海月明珠有泪，蓝田日暖玉生烟"之佳句，后世方家几乎无不叫绝，却从来没有人搞清楚过，这两句诗到底讲什么，不定只是诗人忽生灵感，觅得佳句，不忍舍弃，姑且用在了此处，也未可知。

五、机器诗人如何看图作诗？

机器不仅会根据命题作诗，颇有古人唱和的范儿，还会根据图片生成诗作。其中的原理和逻辑跟直接作诗又有不同。

看图作诗需要用到两个模型：第一个是规划模型，将代表用户写作意图的图像作为输入，机器在理解图像的基础上，生成一个写作大纲，即由主题词组成的句子序列。每一句有一个主题，相当于每一段的"中心思想"，第 i 个主题词就代表第 i 句的主题。机器看图作诗，关键就在于从图像而得出这个大纲。

第二个是生成模型，也就是一个基于编码器（encoder）和解码器

(decoder)组合的框架。这种模型最早见之于机器翻译,用于看图作诗时,生成模型需要有所调整,配置两个编码器,其中一个编码器将主题词作为输入,另外一个编码器将历史生成的句子拼接在一起作为输入。换言之,第一个编码器用来解决有待生成的诗句讲什么的问题,而第二个编码器解决的则是所谓"上下文"关系,就是把上一句讲什么告诉下一句。经过两个编码器输入后,由解码器生成下一句话,通过注意力(attention)机制,把每句的中心思想,运用机器翻译的方法找到对应的字词,嵌入诗中,一句连一句,最后生成一首诗或词。

看图作诗的操作过程大致为:对着一朵花,先拍一张照片,让机器进行模式识别,识别出里面是花,花就成了主题。然后生成一首诗。

如果机器仅仅认识了花,生成的诗会比较烂:

> 雨引鸟声过路上,日移花影到窗边,
> 赖有公园夏风地,欣喜玩沙遍河山。

机器作诗,真叫不知所云。这就是根据历史学习得到的逻辑而生成的诗作,照顾到了上一句是什么、下一句是什么,其他暂时顾不上。

如果机器从图中得到了进一步的场景知识:景物——花,天气——晴,心情——愉悦,便会生成另一首诗:

> 当午新晴照花光,青霞琉瓶群芳香,
> 窗外闲居添自在,灯前相逐影伴塘。

两相比较,第二首明显比第一首好不少,因为图产生了一个比较完整的场景作为写作大纲。

机器"创作"的诗词同人类作品相比,总还有不小的差距,因为创作诗词是一个复杂的过程,但机器正通过模拟出人类创作的各个环节而逐步逼近。现在最大的问题不是机器模拟人类的仿真度是否达标,而是仅靠模拟,机器能传递出人类创作的真谛吗?"诗言志",机器也能有自己的"志",并吟唱出来吗?

六、机器诗人真能创作?

诗词好坏有内在的标准,格律、句式等形式化元素之外,还在于作者的真情流露且表达既别出心裁、又恰如其分,更困难的地方还在于"诗言志"。从心理学角度说,意志与情感不易分开,"书以道事,诗以达意",这才是关乎诗词格调高下的关键所在。而恰恰在这一点上,诗人和机器大相径庭。

上海大学美术学院胡建君老师曾用三到四周的时间,训练大学生掌握简单的格律,练习填写绝句、律诗、小令和长调。短暂训练之后,学生学会了欣赏优秀的诗词作品,还能够以真情实感写诗作词,基本符合起承转合的变化要求,表现出较为清晰的逻辑性和时序性。有位零基础的女生,经过短短四周的学习,写出了平生第一首词,词牌名是"满庭芳",主题是"蔷薇":

古木新抽,晚樱飞尽。(点明蔷薇花开放的时间。)
碧水闲睡鸳鸯。(点明蔷薇花开放的环境,在美丽的鸳鸯湖边。)

晓风微冷,吹十里花香。

曲径通幽巷里,寻觅处,

白雪依墙。(这几句有个寻觅的动态,更点明确切的地点。寻香而去,在曲径通幽处,发现白蔷薇。)

垂条乱,弱枝生刺,

不肯就罗裳。(写出蔷薇不仅香、美,而且有其内在的个性,柔中带刺。)

风扬,疏雨过,红颜水洗,

尤胜新妆。(这里有一个转折,经风吹雨打之后,花儿更加清新高雅了。)

暗香袭人来,如醉千觞。

自古芳华易逝,却无奈,花落秋凉。(此处又有一个情绪的变化,怕持续的风雨会将鲜花催尽,如青春易逝。)

何须叹,来年五月,恰又满庭芳。(最后笔锋一转,给出一个昂扬的结尾:虽然今年鲜花已落败,明年不是照样粲然开放吗?)

这首词不但句式、格律像模像样,而且时空变换合理,情感丰满,意境开阔,志趣高远,有着起承转合的内在变化和逻辑脉络。学生的聪慧引出老师感慨:机器再善于学习,也做不到这一切。

这样的感慨既有道理,也没有道理。

一方面,机器虽然偶尔会有一些精彩句子的编排,但不可能有这样连贯的内在情绪之回环转折,毕竟机器没有人生经验和生死感慨。对它来说,生命的过程,所谓生老病死,最多只是部分零件的损坏,而且还需要一个前提，就是机器能意识到自己的存在。

另一方面，如果以起承转合、情绪、志趣生发为衡量诗歌优劣的标准，今天的机器已经完全能够做到。只要给机器设置一个节奏，明确这部分的风格是忧伤，作为意境贯穿进去，忧伤之后是喜悦部分，同样贯穿进去，喜悦完了又忧伤，忧伤完了再喜悦，如此等等。机器把情绪表现得足够"跌宕起伏"，是完全不成问题的。

今天，人工智能已经发展到，凡是可以量化的场合包括带有模糊特性的图像识别，机器都有能力进入，并且做得比人好。在诗歌这个特定领域中，比较机器作品与人类作品在格律、句式、用词乃至起承转合等方面的异同，已经没有多大意义。真正显露两者不同的地方是情感的连贯性，而不是逻辑的连贯性。编码器、解码器和注意力机制等技术手段，基本上能确保诗歌各句间的连贯，但无法提供作为诗歌核心的情感。语意是连贯了，情感仍不连贯，而情感不连贯，语意就不可能做到真正的连贯。

机器作品虽然不乏精彩之句，仍被普遍认为生硬，根本原因在于机器的情感及其表达都是学来的，而不是自己感悟出来的。已有机器会同人谈恋爱，但也是学来的，并非真的"堕落情网"、为爱而爱，只是"装模作样、逢场作戏"而已。

当然，生硬问题并非无药可救，且解决方法还不止一个。

第一，最容易解决的问题是情感表达，这可以从算法和训练着手。只要算法合理，且训练样本足够大，比如学习 10 亿人的情感表达，机器的作品或许就可以做到像人类作品一样"柔软"。

当然，机器作品所表现出来的"柔软"仍然只是一种拟人现象，而非真的人化。"纸上得来终觉浅，绝知此事要躬行。""小冰"貌似学会了各种风格、掌握了很多技巧，但都只是经验积累，不可能有应对自如的反应和全面协调的能力。逻辑问题容易突破，但逻辑之上，想象和审美无法硬性灌输。所以，机器人还是机器，柔软仍欠自然。

第二，解决起来难度稍大的是情感计算问题。在信息技术的目录里，列有"情感计算"。单纯从技术上说，情感只要可计算，就是可表达的，而只要情感是有限的，就可以被完全计算出来，进而被表达出来。

就识别和理解而言，情感是一个非常抽象的客观存在，难以量化，就连我们人类本身也难以用非常具体的、量化的信息来确定情感，只能通过主观描述来表达，要让本身没有情感的机器来辨识情感，谈何容易。为了使机器有能力处理情感，必须教给机器如何定义情感、如何理解情感、如何表达情感，这就需要一套完善的、统一的标准。

问题是，即便借助"情感计算"，机器智能更加精细地掌握了人类情感及其表达，但机器能做的仍然只是模拟人的情感。科学家给机器输入一个数据，再让机器输出一个数据，告诉机器"该生气了"。这不是真正的情感，因为不是自发的。要能写诗作画，未来的机器智能还需要拥有自发的情感。

第三，最难解决的是人类情感尤其是创作中情感随机性问题。诗人作诗必须有情感，而人类作为不确定性动物，其情感具有很强的随机性，诗人往往囿于一时、一地、一心的特殊环境，在诗作里选用的事物、投入的情感、遵循的逻辑、体现的意境，全为当时那一刻特殊的环境、心理所左右。

不只是诗歌，别的文体写作也是随机过程。作者并不是把通篇文章想好了，胸有成竹，然后一气呵成。通常文思泉涌之下，一句没写完，后一句已浮上脑海，而在前一句出现前，后一句在哪里，连作者自己都不知道。有过因为电脑故障而丢失文字经历的人，一定对两次写作之间的明显甚至巨大差异记忆深刻。"人不能两次跳入同一条河"，在写作中可能比其他任何场合都更显示出其真理性！

然而，恰恰是这种不知从何而来的句子及其接连不断，即所谓的"意识流"，才是文字的气韵所在、创意所在、格局所在。所谓"原创"，就是指所有这些流出来的文字组合及其表达的情感、意境或观点，是别人不曾想过的或用过的，甚至是世界上从来没有出现过的，绝对的新鲜。而这最后一点恰是机器作品永远难以企及的，因为机器写作只能从自己的数据库里寻找现成材料。

让人乐观的是，由于机器具有学习优势，通过短时间里大量的学习、试错和修正，像 AlphaGo Zero 在左右手互博中，自行发现数千年里人类高手都没有发现的围棋原理那样，最终学会比人类更加巧妙甚至微妙的情感和情感表达，也是可能的。

七、机器诗人作品的诗情画意何来？

机器不可能像人一样创作，这是艺术家的信念，机器写出来的诗词几可乱真，这是今天已经存在的现实。既然机器不能达到人类的情感和境界，何以机器诗人作品仍让人感觉到"诗性之美"？人类不承认机器诗作的地位和价值，是否只是人类面对自己所创造的机器而不肯放弃的傲慢？

在一次国际机器抽象画大赛上，许多画作当场被人高价买走。其中一位买家在解释自己购买原因时说："我看到机器背后有凡·高的影子。"

或许，作这幅画的机器确实受过以凡·高作品为教材的训练，所以，在画风和效果上都留下了凡·高的影子。事实上，现在有作曲机器人，专门以巴赫为对象加以模仿，最后"创作"出来的曲子，把巴赫原创作品都比了下去。

无论机器画作背后有没有凡·高的影子，有一点是肯定的，机器作画时，并没有人类画家的复杂情感或主观意图，主动想表达什么。说直白些，再聪明的机器也不知道自己在干什么，人给它输入什么数据，对它怎么训练，机器就表达什么，完全不存在"真情流露"。

所以，即便机器画表达出某种情感，那一则只是观画者出自自身心情的反映或投射，无论面对画家的创作还是机器的制作，观赏者都会自觉不自觉地将自己的审美情趣和心态情绪投射于作品，从而看出某种"创意"或"情感"来。

二则机器作画毕竟经过系统学习，而其学习的对象就是人类的绘画作品，包括隐含其中的人类绘画技法和技法所表达的情感，所以，最后生成的画面必定含有人类情感和情感表达的元素包括情感与技法之间的关联。这些似曾相识的元素让观赏者在画作面前的自我投射有了最大的理由：这比人类把未经任何训练、完全无师自通的动物涂鸦视为"抽象艺术"，要靠谱得多！当然，从另一个角度来看，动物作品哪怕毫无章法，毕竟是动物的创作，里面没有人类的干预，而机器作品中美学元素再多，仍然只是对人类的模拟。

八、人-机共融能促进艺术创作吗?

从目前机器作诗的效果来看,确实比不上人,尤其是人中高手,但机器时有佳句,也不可否认。这两个不无悖谬的现象放在一起,反而让科学家、工程师脑洞大开:让机器出佳句,让诗人来给诗作情感以连贯性,不就能写出惊天地、泣鬼神的好诗来了? 毕竟今天"梨花体""乌青体"乃至"只用回车键"的诗人诗作太多,在诗意普遍缺乏的时代,让机器人"撞大运"也不失为繁荣诗歌创作的解决之道,哪怕明显带有"剑走偏锋"的倾向。

至少,没有一个诗人能够掌握比机器更多的中文字词及其用法、更多的典故出处,还有更多符号和符号所表达的意象。在解空间远远大于任何诗人的条件下,机器即便完全依靠"撞大运",这碰出佳句来的概率也大大高于诗人。何况机器因为没有情感,逻辑也时常发生故障,不按常理出牌是其本质特征,反而少了些作诗时的陈规陋习,更容易在作为模糊地带的诗歌中频出黑马,刚好弥补诗人遣词造句时的创意贫乏。如此取长补短,岂非比诗人唱和更有好诗的生产力?

众所周知,"春风又绿江南岸",当时这个"绿"字也费了好一番周折,才一字出佳句。谁知道机器"撞大运",不会撞出一个更加传神的字眼和意境来? 不要小看机器出佳句,素材的组合和字词的拼接本身就是一种创造。凡是原来没有的,现在有了,而且得到人的赏识,就不用管这个过程中有没有自觉意识和主体情感的介入。说到底,美不是创造的,而是发现的。机器只要能提供让人足以发现诗意的作品，真没必要追究是否人类意义上的"创作"！

图灵测试在机器作诗的场合同样灵得很！

按照"接受美学"的原理，艺术作品本身只是文本，其内在的美学价值是受众在接受过程中参与创作出来的，所谓"有一千个读者就有一千个哈姆雷特"，无非就是这个意思。既然如此，机器写作的"文本"等待着诗歌爱好者参与最后的完成，这本身不就是人—机共融的内在机制吗？

当然，也有人认为，在诗词写作上，人与人的合作都很难达成，需要经历、风格、气质的匹配。人与机器联手，不但难度更大，而且毫无意义，"机器懂什么？"其实，正因为机器不懂，听凭人类摆布，人—机合作才有可能，也才能有更高的生产水平、效率和质量。人与人合作之不易，多半是因为各执己见，互不相让。现在机器说："我无所谓，你人想怎样就怎样。"如此一来，怎么还会有合作上的困难？圆规必须一条腿静止，另一条腿运动，才能画出圆来。现在人随便怎么动，机器就是不动，画出来的圆要想不好看，也难。

不过，对于如此偷懒的办法，诗歌爱好者尚且难以容忍，科学家更无法接受，"我就不相信解决不了机器的情感智能问题！"比如，造一个机器人，装上各种传感器，能感知环境当中的光影、味道、声音、阴晴等，同人类感知在范围、内容和强度上达到完全一致。人哪天摔倒了，身体哪个部位如何疼痛，哪天遇到漂亮女孩子，心情如何愉悦，一天里都莫名兴奋，如此等等，全部记下来。突然某一天，这个人想让机器作诗，机器不就能像人一样，创作出情感连贯的好诗了吗？

如此想法虽然不无想象，但根本上仍然囿于机器智能只是模拟人类的窠臼之中跳不出来。问题的问题是，谁都不知道哪天机器会自己想要作诗，而不是按照人设置的程序"开始作诗"。在 ABC 时代，即由人工智能、大数据和云计算共同构成的时代，物联网可以取代人的感官，借助传感器实现人类情感的输入，在技术上已经没有问题。但谁能决定机器人真会"心有灵犀一点通"，诗兴大发？

更要命的是这类观点内含一个未曾明言的预设，那就是人和机器一样，都是以前经验的简单累积。或许机器人能将每一次传感器传输过来的信息都按照相应的强度记录在案，但人类各次体验所产生的心理效应往往相去甚远。第一次被女孩子拒绝很心痛，第二次好一些，到后面没感觉了，再往后不被拒绝还会觉得心里不踏实。所以，从感受产生情感到因为情感驱动而写出佳作，有无数个中间环节需要打通，机器智能会一帆风顺吗？

九、科学家让"小冰"写诗意欲何为？

费那么大的劲，就为让世界上多几首诗歌，科学家划得来吗？

科学家发明"小冰"，不是为了让机器像生产物质产品一样，生产精神产品，以便人类可以更加无所事事。"小冰"本身只是一个人类发明的技术作品。"功夫在诗外"，科学家探究"小冰"们的创作可能，另有所图。

人类研究机器写诗，根本上服务于某种哲学思考。今天，人工智能在确定性领域取得压倒性胜利之后，会不会进一步跨入不确定性领域，从而挤占越来越多人类的领地，这才是问题所在。"小冰"的诗歌能不能像人类作品一样充满想象，既是机器智能发展水平的指示，也是机器智能是否已成功占领至少部分占领不确定性领域的标志。

在审美领域，人类创作与机器模拟之间的最大区别在于：机器的模拟犹如电影、游戏，是提前设定的、封闭的，而非像人类真实世界一样是随机而开放的。不是机器不能有灵魂，而是等机器有灵魂之后，所思所感未必与人类相同。登山则情满于山，观海则意溢于海，机器的审美与创作和人类大异其趣，是大概率事件。

确定性与不确定性这两个领域之间的鸿沟，不是那么容易被填平的！

再考虑得深一些，还可以看到在"小冰"写诗的问题上，人类内心的一个悖论性情结。

一方面，人需要诗歌是因为人有情感。生活与情感是诗意的最终命题，也是人类最终跟 AlphaGo、"小冰"等机器智能分道扬镳的地方。虽然现在有网络写作等媒介和载体，但传统书写工具和形式本身就是诗意所在、有情载体，历史地形成的传统是人类生存的一部分，更不用说每个人在真实生活中付出的情感、陪伴和守护，这是冷冰冰的机器所无法复制和替代的。每一天的日升月落，简单而琐碎的日常生活，人与人在现实中的交往，素朴而温暖，平淡而实在，才酝酿出最大的诗意。

另一方面，因为人类已经把情感、审美等定位为人所专有的属性，所以，讨论机器有没有情感，最后都难免落入"循环定义"的窠臼：命题之所以成立，是因为结论已经包含在前提中，看似自洽的命题其实只是一个自循环。如果我们坚持机器智能与人类智能是平行关系，那是否也可以定义未来可能出现的机器情感同人类情感也是平行关系？

当然，要这么说，首先必须明确，这里讨论的情感只是智能范畴之内的情感，而不是某种具有本体论地位的情感，类似"人之为人就在于人有情感"，否则就无法进行理性讨论。由于作为平行智能的机器智能不以具有情感为存在前提，未来如果真有"强人工智能"出现，机器也未必胜在具有比人更强大的情感，相反，更可能胜在机器没有情感，特别是没有人类引以为傲的那种情感上。

第五章
机器人坐堂会让医生失业吗?

在一些经历了现代医学引入中国最初阶段的老人脑海里，印象最深刻的就是看病时，医生不再诊脉，而是让你去一间小屋子里，拍张照片，照片上不见人影，只有黑灰一片，看半天也不知道上面有什么东西。但医生却能从片子上看出许多道道，不但说出了有病没病，什么病，开出了药，以后还能判断病给治好了没有。

过去看病，医生习惯"病家不用开口，便知病情根源，说得对吃我的药，说得不对分文不取"，现在同样不用开口，拍个照，医生就知道患者身体里面长了什么，开刀取出或者服用药物，丝毫不差。

更神奇的是，拍片子的机器越来越厉害，拍出来的片子种类越来越多，如今还出现了会看片子的机器，诊断肺癌的准确率比医生还高。将来是不是片子也不用医生看了，直接交给机器，患者进医院从挂号、检查、诊断、开药到配药，全由机器来？真要这样，医生同机器的关系就将彻底颠覆了。

以前，老中医把脉似老僧入定，片刻之后，喃喃自语，报出病因，再来一串药名，身边徒弟急急记下，患者照方抓药就是。随着机器越来越能干，未来的医生会不会成为机器旁边的"小徒弟"？如果还是自动打印，会不会连抄方子的机会都没有而彻底失业？

一、医生为何要读片？

读片是一门学问，在医学内部的细分门类中有一个专门学科，叫作医学影像学。影像俗称"片子"，不单单局限于人们原来印象中的黑白 X 光片，还有其他各种类型，包括超声成像、CT 和核素显像以及核磁共振、PET 等。在临床中，如果患者病情比较复杂的话，可能要用上多种影像学检查手段，让患者不胜其烦："怎么检查个没完。"其实怪不得医生，因为不同影像学检查手段都有自己的优势和不足，对症下药的原理在影像学检查中一样重要而且有效。

通俗地讲，影像学检查就是借助各种技术视觉呈现手段，无创地采集人身体某个部位的图像，医务人员由此了解人体的组织和疾病状况，得出明确诊断，采取适当的治疗措施。

如今通过影像学检查获得的资料，范围相当广泛。最常见的是 X 线检查，也就是体检时拍的那个胸片，用于检查胸部包括肺、心等脏器。一张片子足以显示整个胸腔的情况。接下来依次有专门检查柔软组织的 B 超，以及检查脑部的 CT 和核磁共振，而放射性核素成像则用于检测肿瘤的骨转移等。在科研中，影像学也有应用，比如对子宫内胚胎孵化过程的监测。

所有这些医学影像学检查都有一个共同特点，就是产生了大量的"片子"。为什么非得有片子，医生才能诊断疾病？这涉及西医医学诊断的特点。

如果说中医的结构特征是"一脉两支"，即中医和中药，那么西医至少是"一脉四支"，即西医、西药、器械和检查。"望闻问切"涉及的都是体征，相比中医直接从患者的临床体征发现疾病，西医则必须直接看到疾病本身，大到器官的病变，小到染色体的异常，才能诊断和治疗。如果说医学都是实证科学，那么就依靠感觉器官这一点而言，西医要比中医更加"实证"。中医好多范畴没法通过感觉器官来直接感知，热、温、寒不属于可以感知的温度范畴，但发烧或者心动过速，是可以感知的。

西医依赖感觉器官来诊断疾病，但病情本身常常无法直接用肉眼来观察，不是病情看不出来，而是病情发生在身体内部，不打开身体是看不见的，而随便打开身体，病情只会无谓加重。两难之下，西医发明了各种能看见人体内部状况包括病情的检查手段。从显微镜看见细胞形态，到 CT 看见颅骨内大脑里层的病变。这些检查手段中相当一部分同"片子"有关，机器成为人的"透视眼"，用来看见身体里面肉眼无法看见的情况。

然而，机器看见的跟人的肉眼看见的毕竟有很大不同，通常机器看见的是黑白的、二维的，人看见的是彩色的、立体的。但这还不是主要问题，只要不怕成本贵，许多机器也可以提供彩色的片子。最大的问题是机器的眼光跟人不一样，机器看见的情况只能用机器的方式传递给人类，那就是表现为不同灰度、密度和轮廓的图形。这些视觉表达代表什么，需要医生用经验来判断，机器本身不会明确到底有没有病、有什么病、病因何在。这部分工作至少到目前为止，由医生来完成，只有医生才能从机器给出的片子中，诊断出病人得的到底是什么病。

　　许多时候，医生让疑似患者做检查拍片，如同作形式逻辑推理，用的是排除法。首先诊断的不是"得了什么病"，而是"有没有得病"。在病情复杂的情况下，只有排除各种疑似的病，才能最后明确是什么病。所以不要因为查下来没病，就认为医生水平不够，排除疾病本身是最有意义的诊断，毕竟患者最大的宽慰不是来自医生对疾病的确诊，而是对患病的否定，"什么病都没有"，才是患者最迫切希望得到的诊断结论。这时，医生要做的就是读出片子里蕴藏的全部信息，而这是一种非常高级的智力劳动。

二、医生读片需要有什么准备？

　　医生读片就像一个人说外语，机器提供的影像资料如同用外语作介绍，不经过转换，什么信息也得不到。要从机器看到的图像中准确看出实际的病理表现，医生需要经过严格训练。

　　第一个阶段是学习医学的基础知识。读片是诊断的一个环节，要能从机器提供的片子中看出病情，必先具备关于疾病本身的概念，否则不要说看片，就是面对一个症状、体征十分明显的患者，仍然判断不了到底得了什么疾病。所以训练看片之前，先要系统学习诸如内科学、外科学、儿科学、妇产科学等具体科目，掌握医学的基础理论和方法，能够用医生的裸眼来判断病情，这是基础。

　　第二个阶段是学习影像学。不是所有医学诊断都需要借助机器检查，也不是所有医生都会看片子。但要想成为一名影像科医生，则必须专门学习医学影像学，掌握影像学原理，熟悉各种疾病的典型影像表达，从理论体系和典型案例两个层面，建立关于疾病与对应的影像表达的逻辑关联。积累读片的基本能力犹如学习外语，必须知道两种语言在单词和语法等方面的对应关系，才能从一种语言的表达理解另一种语言表达的意思。

第三个阶段是直接经验。如果说第二阶段学习的主要内容是知道病情与其影像表达的关联，那么在第三阶段学习的就是如何确定这个关联。病情在片子上有典型的表达形态，但在不同的患者身上，同一种病情的表达可能有很不相同的影像表达，否则不需要集中那么多医生来会诊某种疑难杂症。放在所有医生面前的同一套片子，在不同医生那里可能会导出不同的诊断意见。实习生需要去医院放射科轮转，每天看大量片子，老师会细致入微地指导如何读片。这张片子可以考虑这个疾病，那张片子可能也可以考虑这个疾病。为什么考虑这个疾病？这个疾病通常有什么特点？在影像表达上可能会有什么变化？看多了，掌握了疾病的不同影像表达和相似的影像表达的不同疾病可能，学习就接近了尾声。最后是出科考试。考试很简单，也很直接，读真实的片子，进行影像学诊断，不仅要诊断出这是什么疾病，还要判断同临床诊断是否符合，因为考试的片子都有经过实际检验的临床结论，所以，学生是否具备了读片能力，能力有多大，通过考试是可以准确评估出来的。

经过这三个阶段，尤其是考试合格后，就有资格成为影像学医生。许多科目的医生包括心血管内科医生，都需要经过影像学学习。如果要做一个专门的影像科医师，则需要一个更长的成长过程，知识储备之外，还需要大量时间进行实践，接触真实病例，提高实战能力。

总体来说，影像科医生通过"读片"来诊断病情，至少需要具有三方面储备：一是知识储备，也就是前面讲到的一系列课程学习。二是经验累积。必须经历临床实习的过程，不仅要看经典的病变片子，还要看患者真实的片子。三是分析判断。要综合患者多种信息对影像结果做诊断，也就是说不仅要看片子，而且还要结合患者的临床特征，结合症状和体征去做判断。

三、医生如何读片？

读片，首先要全面观察片子，对图像所显示的所有部位都要检视到位，确定是否有病变迹象，既要防止脱漏，也要避免误判。

二是要做出解剖学定位，确定病变在具体的哪个位置，周围有哪些组织器官。

三是要给出定量判断，确定病变的范围、程度，为后续精准处置提供信息。

四是要做出定性结论，明确是否有病变，如有，则明确病变的类型或者可能的类型是什么。

五是要结合临床做出诊断结论。到底有病没病，有什么病，一定要结合临床。不能光凭片子下诊断意见，否则不但会浪费最直接的病情信息资源，还可能导致误诊。

比如同样是咳嗽，病因却有很多种可能。诊断时，从体征上可以观察有没有炎症、结核或者肿瘤，也可以通过影像学检查，观察胸腔内部肺脏的生理状况。另外，影像检查还能反映病变的范围、类型、分期，特别对肿瘤领域，要做骨扫描，看有没有骨转移。对高危人群也可以定期检查，在一时不能确定的情况下，医生会给出"随访"的意见。也就是说，过三个月到六个月再来拍一张片子，把两张片子放在一起，看看是否有变化，许多生理上的变化看似异常，如果长期没有变化，有可能只是个体差异，而不是病变，无须治疗。

读片为什么不易，可以借助下面的例子来理解。现在的年轻人喜欢自拍，经过软件美化，最后个个美若天仙。有人用修饰软件，做了一个张三和李四的合体照片。现在共有五张照片，最左边的是张三的照片，最右边的是李四的照片，中间三张是经过修饰的照片。从左到右，张三的元素逐渐减少，李四的元素逐渐增多，最后让张三的照片转化为李四的照片，实现了光滑衔接。在影像科医生读片的过程中，如果运气好，遇到的照片要么是张三，要么是李四，那诊断过程十分简单。如果遇到既像张三又像李四的中间三张照片，到底是张三还是李四，诊断起来就难了。通常教科书里给出的都是纯而又纯的照片，而临床上遇到的则多为信息混杂的片子。能从混杂信息中读出有用而且准确的信息，进而得出符合实际的诊断意见的，才是有水平的影像科医生。

假设遇到给胸部做 CT，片子显现有肺结节。影像科医生首先要把这个图像同结节特征性的表现结合起来，加以考察，然后，还要和其他一些常见情况做鉴别诊断。要是还不能确诊，则会做进一步的检查，比如增强 CT、核磁共振甚至是穿刺病理检查等，后者就是超出影像范围来寻求诊断结论。所以，做影像检查非常复杂，还不能简单靠读片，不要说机器看见未必是真相，就是人亲眼目睹也未必是真相。

即便如此，影像科医生在给出意见时仍然相当保守。在一张典型的影像学报告上，可以看到医生的严谨甚至谦卑：医生读片所见是

"影像学表现"，不是病情如何，诊断意见被称为"影像学意见"，不会写"诊断意见"。影像学表达代表什么？医生会说"考虑脂肪瘤"，而不是直接说"脂肪瘤"，如此等等。这是医生读片的流程要求，也是读片在疾病诊断中的局限所在。

影像科医生的"谦卑"有着深刻的医学道理。读片诊断根本上属于视觉诊断，无论机器还是医生，看到的只是病情的视觉表达，而不是疾病的本质特征，除了骨折等，骨头断了，就是病因，绝大多数疾病的最终诊断是在生物化学层面或者病理层面。视觉信号只提供了一条线索，找到生物化学或者病理层面的原因，才算是发现了最后原因。即便如此，有些疾病的表现一目了然，但原因始终藏匿着，难以发现。所以牢记自己只是发现线索，而不是找到原因，既是影像科医生表现谦卑的理由，也体现了他们严谨的科学态度。

四、医生读片失误能避免吗？

凡是需要判断的场合，肯定存在判断失误的可能，否则判断就没有价值。机器（医疗影像设备）只能"看到"，从不会"看见"，"看见"这部分工作是由人来完成的，这是读片的全部意义所在。医生读片需要眼睛和大脑协调工作来完成，眼睛仅仅"看到"了视觉信息，至于看到的视觉信息是什么（"看见"），需要大脑的视觉皮层等功能模块来理解和解释；换句话说，"看到"是一种天生的视觉感知能力，"看见"是一种需要后天学习的视觉认知能力。1—2岁的小朋友已经能够"看到"视野中的各种事物，但是可能没有"看见"某些事物，因为他不知道这些事物是什么，对他没有意义。换句话说，医生能够从片子中

"看见"很多信息，而普通人可能盯着片子看了半天，却什么也没有"看见"。问题在于，医生是否真的看见了？会不会看错？看错就是读片失误。

在现实的医疗诊断活动中，读片失误并不罕见，尤其是面对疑难杂症。其常见原因主要有：第一是机器的伪影。片子是机器提供的，如果机器本身有问题或者拍摄过程中存在问题，片子表达得不对，那医生怎么会不出差错？"垃圾进来垃圾出去"，错误的片子导出错误的诊断，那是神仙也逃不掉的。

机器学习之父、美国三院院士迈克尔·欧文·乔丹（Michael I. Jordan）教授最近发表了一篇文章《人工智能：革命远未到来》。文中他回忆自己 14 年前的往事。有一种先天性疾病叫唐氏综合征，属于先天性低智商，并伴有特殊面容。这种病没法治，但可以防。孕妇通过孕期唐氏筛查可以在妊娠早期发现并实施相应措施，来减少病儿出生。这个筛查主要采用 B 超检查。

乔丹教授的太太怀孕后，做了 B 超检查，当时医生看到心脏周围有白色斑点，通常这代表有唐氏综合征的可能。医生让他考虑是否放弃胎儿。在这个阶段，所谓"放弃"并不一定就是中止妊娠，而是为了确诊唐氏综合征，进行"羊膜穿刺术"，即从孕妇的子宫里抽取羊水进行检测。通过检查胎儿是否有染色体异常现象，才能确定是否为唐氏综合征。不过，这种检查本身具有一定的危险性，而且检查只能发现三分之二的病例。如果孩子正好处在未被查出的三分之一中，最后还是有可能生出先天愚型儿。所以，医生征求他的意见，是否放弃胎儿。他不同意，因为他有自己的判断。很幸运，最后他的孩子是健康的。乔丹教授是个造诣精深的统计学家，他知道读片诊断有假阳性，加上患唐氏综合征在婴儿中属于小概率事件。这就是说，即便读片有问题，实际发生的概率是很小的。

第二是检查不规范。这绝对是影像科医生的问题，比如该拍左边，却拍了右边。或者骨折常规拍照应该包括邻近一个关节在内的正、侧位片，拍片时没有严格遵守，只拍了一个，依此得出的诊断意见，当然就会出错。

第三是受医生自身基础知识、技术水平及经验所限。简单地说就是没看懂。即便片子反映出来了，医生却没有看出来或者判断不准。在这种情况下，需要的不是机器维修，而是医生回炉。

第四是诊断思维与习惯存在暗病。比如，有些医生过于依赖片子，不注意结合临床，明明临床表现已足以说明问题，仍然固执地到片子中寻找不甚确定的信息，最后造成可以避免的读片失误。

从这四个读片失误的成因中可以看出，人为因素是导致失误的主要原因。对于这些原因，一方面可以从制度上加以防范，另一方面可以从技术上解决。

目前临床上广泛采用"双签字制度"。读片时，由资历浅一些的下级医生先完成一个诊断报告书，再由高年资医师审核，最后形成两个人签字的诊断报告书。这种制度性安排的原理十分简单，就是一个人误读的概率乘以另一个人误读的概率，通常低于其中任何一个人误读的概率。问题在于制度是人制定的，也是人来执行的，而人是活的，制度是死的，虽然有制度规定，但人总会在制度空间里找到自己的自由。偷懒、碍于情面、不负责任甚至不自信，都可能导致"双签字制度"流于形式，达不到预期效果。

在制度难以确保效果的情况下，可以采取技术来控制人。有些人习惯于"开后门"，大小事情都会托人找关系。比如，停车场按规定要收费，但遇到熟悉的人，高抬贵手就放行了。为了避免不当利益输送，管理者从制度上想了许多办法，成本高了，效果并不好。现在采用自动摄像技术，进出时拍照定车计时，电脑自动计费，管理人员无法改动系统运行，问题就解决了。在医疗诊断过程中，同样可以采用技术来解决读片失误的难题，机器智能就是一种办法。

五、读片的认知意义是什么？

无论医生读片还是机器读片，涉及的智能都是视觉。一个医生要具备读片能力需要读许多书，看大量的样本，经过长期训练，最后还可能出错。人工智能专家相信，如果把计算机视觉做好，就能代替医生承担读片的工作，甚至做得更好。

视觉对应的感知器官是眼睛，外部信息通过视觉神经系统加工后，送到大脑进行处理，产生视觉。生物通过视觉可以感受大小、明暗、色彩、动静，等等。

在生物进化史上，具有视觉能力是一个重要的进化平台。三叶虫是5.6亿年前生存在地球上的生物，古生物学研究发现，三叶虫可能是地球上第一个具有视觉的生物。那时候，地球基本上没有陆地，全是海洋。为数不多的低等生物生活在海洋里，坐等食物漂过来吞食以维持生命。三叶虫所处的寒武纪曾出现过一个生命大爆发，在2 000多万年的时间内，地球上突然涌现各种各样的动物。生物种类迅速增长，空前繁荣。这在历史上被称为"寒武纪生命大爆发"。这场大爆发的原因何在，一直困扰着科学家，进化论的创立者达尔文甚至觉得这是对进化论本身的不利证据。前几年澳大利亚的科学家安德鲁·派克（Andrew Parker）提出一种新的理论解释，他认为，从三叶虫开始，生物具备了视觉感知，生存能力得到极大增强，物种竞争加剧，生物进化加快，从而导致物种类型的急剧增加。其内在机理是生物有了视觉后，接受的环境信息大大增加，它们可以从被动获取食物，变成主动寻找食物，并学会了隐藏，学会了伺机而动，也学会了快速出击，进而提高了生存和发展的机会。所以，视觉对生物的作用非常重要，在人类同样如此。

就视觉而言，在中文里就是"看"与"见"。"看"表示用眼睛这个感知器官去关注某个目标，"见"则表示不但看了，而且注意到了什么。只是看却什么都没见，那就称为"视而不见"或"熟视无睹"。在英语中有"look"与"see"，用法和道理也都一样。

把"看"与"见"分开来，不只是因为视觉过程本身具有两个环节，更重要的是背后大脑的工作。看，需要正常的眼睛，失明的人没法看。但只有眼睛又是远远不够的，没有大脑的介入，对眼睛接受的视觉信息进行加工，人没法"见"。心理学上有许多测试大脑决定视觉的照片，根据人的不同意向，从同一张照片中可以看见一位少女，也可以看见一位老妇人。这意味着，个人已有的知识介入了视觉过程，并最后决定个人看见什么。正是从这个意义上讲，视觉必定是一个智能过程，人的理解、推理、逻辑能力等构成了视觉的一部分或者说同视觉存在着内在联系。

医生读片不是天生就会的，需要一个学习或训练的过程。但对于这个训练过程，医学教育通常只从步骤的角度给出介绍，却没有讲清楚背后的原理，即医生是如何理解片子内容的。要让机器来代替医生读片，不把"看见"背后的原理搞清楚，机器很难看出片子中隐藏的有用信息。机器看片子很容易，因为片子本身就是机器"看见"的。但要从"看"片子再进而"见"病情或病理，没有智能，机器不动脑子，是无法达到目的的。

为了让机器看见，需要有许多量化数据。比如，训练一个医生掌握读片的能力，到底需要多少时间？这个时间是怎么确定的？显然，根据常规确定的时间比如学期制，同根据个人接受水平即所谓"因材施教"来确定的时间，肯定会有很大区别。在"流水线"式的现代学校教育体制下，通常是服从"平均时间"或"制度时间"。

同样，还可以对学习或训练所使用的样本加以精确化。一个医学院学生需要练习多少个片子样本，才能获得有把握的读片能力？有人聪明些，很快掌握了要诀，有些迟钝些，看了好多片子，还懵懵懂懂。

如果再细化，所有片子中要不要区分类型，比如，看肿瘤和骨头损伤的片子各几张？是所有类型的疾病片子都看，还是选择重点或多发疾病多看些？到底多看几张？

再进一步细化的话，像影像报告书中常见的"周边可见明确的骨硬化缘"。怎样的情况叫明确？等于或低于多少属于不明确？还有"低密度"的影像如何判定？"高密度"又如何？密度本身如何在图片上呈现？如此等等。

在培训人的时候，或许不需要严格量化，只要医生有感觉就是，而且这个感觉及其准确度是医生读片经验的关键构成。有经验的医生对看似毫无异常的片子，一眼就能看出问题来。这种定性判断能力，恰恰是人类最可宝贵的素质，某种程度上说是教不会、也学不来的。在这一点上，中医要比西医更甚。但在为机器配置读片智能时，必须考虑周到，不仅因为需要，更因为机器有这个能力，可以通过精确设计其训练过程，达到预期的学习水平和读片能力。

医生读片时看见的不是文字，而是一堆黑白或彩色的影像，如何让影像同大脑中储存的病理知识相关联，特别是病理变化和影像差异如何在医生的解释中建立彼此包容的关系，就更加复杂了。对人脑视觉机理的认识不完整，要研究基于计算机视觉的感知智能就很难了。

医生判断病情并不单纯取决于读片，最终还需要回到体征，毕竟病人都是身体有不舒服或自认为不舒服才来医院的，病人的主述在医生诊断过程中始终占据重要地位。临床医学本质上属于经验学科，会读片首先是一种实际操作能力，未必需要所有影像科医生，更不需要所有接触片子的医生都掌握读片的原理。

如果去掉可能被认为对医生和医学不敬的含义，医生读片在某种程度上相当于看图说话。每个人上幼儿园、小学时都练习过，老师给出一幅画，小朋友根据自己对画面中人和物的理解，写一篇作文。这样的训练究其实质而言，无非是让小朋友把自己大脑中储存的知识和文字，在图像的刺激下，建立起内在的联系，如此激活之后，就可以实现消极知识和文字向积极知识和文字转变的结果。所谓"消极"和"积极"的区别不在于知识和文字本身，而在于两者对于拥有知识和文字的个人的意义："消极"指个人被动知道，而"积极"指个人能主动运用。看图说话或作文与阅读或倾听的最大区别在于，阅读或倾听时所接触到的文字是消极的，看图说话或作文时的文字是积极的。

医生读片也是一个激活大脑中的知识，把影像内容和病理概念进行对接，从而建立新的视觉概念的过程。普通人面对医学影像，也能看出一些端倪，毕竟影像是一种视觉呈现，离不开人的生理结构。但到底表示什么，就不甚清楚了。所以，医生读片的认知意义就在于把自己的医学知识和影像内容相联系，并以此做出病因诊断。其中包含联想、推理、预测和校验。人是如此，机器也一样。

六、机器是如何读片的？

经过 60 多年的发展，整个人工智能领域分为三大基本部分，即机器感知、机器认知和机器行为。机器感知的重要研究领域包括视觉、自然语言理解与交流，机器认知的重要研究领域是机器学习、推理与博弈，而机器人学则是机器行为的重要研究方向。

计算机视觉是机器感知的主战场。在日常生活中，人类获取信息的首要来源是视觉，通常一个人接受的环境信息中，有大约 70% 来自视觉，视觉是人感知世界、认识世界的主要手段。

从广义上讲，计算机视觉就是"赋予机器自然视觉能力"的学科。具体来说就是以图像（视频）为输入、以对环境的表达和理解为目标，研究图像信息组织、物体检测、场景识别和与人一样的对于内容的理解。

从原理上看，人在读片时主要涉及两个器官：眼睛和大脑。任何一个有损伤或发生故障，都无法正常识别信息。对于计算机视觉来说，读片是通过摄像机等影像采集设备和机器来实现的。先要有一个传感器，捕捉到这个影像，不管是普通人照相的手机还是进行拍摄的摄像机，都可以归入传感器一类。传感器采集到可感知信息后，再传输到后端，机器就可以解读了。

这个过程在形式上可以分作信息采集和解读两个环节，当然许多时候并没有这么分明的阶段之分。信息采集和解读可能是同一个过程或者彼此反馈的过程。

从一张图片上，人眼看到的是小狗在跨栏，计算机看到的是一大堆二进位的数字（数字图像）。这些在人看来没有意义的数字，在机器那里会和亮度、灰度、颜色、纹理等相联系，使用图像理解和分析算法可以解读出"有一只狗，有栏杆"，然后才解读出"狗在跨栏"。

机器到底如何从看似没有任何规律的数字中看出有意义的内容，是人工智能和计算机视觉要解决的问题。

机器看到的图像都是数字图像，也就是通过 0—255 之间的数字组成的矩阵表示出的图像数据。每一个数值代表这一点的图像的灰度。如果想通过这些矩阵获得低层视觉信息，人们需要通过算法告诉机器如何进行特征提取。可使用边缘检测、对象分割、角点检测等传统计算机视觉技术或算法获取特征。如果想通过这些矩阵认知其中的不同对象（图像分类），则会从一类对象（例如椅子、马等）的图像中提取出尽可能多的特征，并将其视为这类对象的数字定义"视觉词袋"。接下来是在其他图像中搜索这些"定义"。如果在另一个图像中存在着"视觉词袋"中相当一部分的特征，那么这个图像就被归为包含那个特定对象（如椅子、马等）的分类。区别不同的对象还需要使用机器学习的方法训练分类器。通过一小部分图像样本的学习，分类器能够学习到不同类别的分类准则，然后把更多图像根据其"视觉词袋"特征分成不同的类别（如椅子、马等）。

这种图像分类特征提取方法的难点在于必须确定在每张图像中

选择哪些特征。随着有待区分的类别数目的不断增长，比如说超过
10 或 20，就会变得非常麻烦甚至难以实现。要找的到底是角点、边缘
还是纹理信息？不同类别的对象最好用不同种类的特征来描述。如
果选择使用过多特征，机器可能就不得不处理海量参数，而且还需要
人工不断加以微调。

近年来，在计算机视觉领域，深度学习引入"端到端学习"的概
念，即让机器在每个特定类别的对象中自动学习寻找最具描述性、最
突出的特征。换句话说，就是让神经网络自己去发现各种类型图像
中的潜在模式。举例来说，如果想教会一个"深度卷积神经网络"识
别一只猫，不必告诉它去寻找猫的胡须、耳朵、毛或眼睛，只需给它展
示成千上万张猫的图像，它自然会解决这一问题。如果它总将狐狸
误认为是猫，也不用重写代码，只管多给些正确标注好的猫或狐狸的
图继续对它进行训练。

机器是通过学习获得对图像的分类能力。其关键因素有三个：
用于学习（训练）的样本数量、特征提取和选择、分类器。对于深度学
习中的卷积神经网络来说，就是把特征提取和分类器的训练集成在
一起，成为"端到端学习"。

机器读片本质上是一种机器学习的过程。这里以计算机视觉在
图像分类工作中的研究进展来说明机器学习三个要素的作用。

机器读片最早的工作是给图像分类。对医学影像来说，就是要
指出哪些是正常图像，哪些是不正常图像。这就引出基于机器智能
的图像分类。用计算机视觉来解决图像分类问题也经历了漫长的过
程。2000 年之前，图像分类能够解决的只是少量样本、少量类别的分
类，所以仅仅具有理论意义。2000 年，大规模图像数据集面世。在计

算机视觉领域有一个名气响亮的数据库，叫"图像网"（ImageNet），里面有 1 500 万张图片，2.2 万个类别，吸引了全球计算机视觉科研人员。但在 2000 年时，计算机图像识别的错误率非常高，约在 28%，2011 年错误率是 25.8%，2012 年错误率陡降到了 16.4%。这一惊人的进步得益于在图像分类算法中引入了深度学习早期的卷积神经网络 AlexNet，并从此掀起了全球计算机和人工智能界研究深度学习的热潮。到 2015 年，图像分类错误率下降到 3.57%，这个数字已经低于人脑的错误率，因此说计算机视觉的发展速度是突飞猛进，绝对没有过分。

可以看出，基于机器智能的图像分类能力的提升决定于两个因素：一个因素是图像样本集足够大。没有足够数据，机器视觉怎么学得会？另外一个因素是学习能力足够强。深度学习被人工智能学者认为是一个"黑箱"。我们不知道自己的大脑如何思考，也没有足够的理论解释，能说清楚深度神经网络到底为什么能在图像分类领域取得超过人类视觉分类能力的效果。目前，机器很容易获得大量的样本集，也有了具备强大学习能力的深度学习，计算机视觉怎么会不越来越强悍，医生读片怎么会不受到机器的挑战？

在读片中，机器对图像的认知包括三种情况：图像分类、目标检测和看图说话。

图像分类的技术，上面已经说了。对图像进行单独分类比较简单，但要是猫和狗依偎在一起，再要让机器来判别，难度就大了。如何区分图像中某一部分到底是狗还是猫？在既有狗又有猫的场合，图像识别就变成了另外一个问题，必须进行"目标检测"。

所以，计算机视觉进行图像识别时，首先碰到的问题不是分类，而是图像分割（image segmentation），即把两只依偎在一起的猫和狗，分解成两个个体，再来判别哪个是猫、哪个是狗。在机器读片时，也同样如此，如果不能把亮度、灰度、密度相似的区域，分割为医学上有意义的图像，就没法找出图像背后可能隐藏的病患。这个图像分割的过程也叫"目标检测"。

总而言之，如果一幅图像只包含一只狗或者一只猫，识别出其中内容的过程叫图像分类；如果一幅图像中既有狗又有猫，要指出哪个区域是猫、哪个区域是狗的任务就是目标检测了。其实，人看东西也有一个扫描过程。拿到一张图片，不可能一下子看到其中所有内容，需要一部分一部分看过去，才能看完、看全。只不过人类视觉的扫描处理过程非常快，平时感觉不到有这个过程。这里用一个图片实验来说明。

如果给人看一张包括八种动物的图片，但只给看 3 秒钟，然后询问其从图片中看到了什么。结果没有一个人能准确说出图片上的八种动物。但要是图片中只有一种动物，然后给看 3 秒钟，则每个人都能准确认出这种动物。这说明，人们在看图片时，要识别其中的内容也有一个扫描或者搜索的过程。计算机在做目标检测时同样如此。先要用一个框，把整个图片都搜索一遍。在这一点上，人相比计算机有一项优势，虽然目前尚不知道人类是怎么具备这一优势的，那就是人有能力抓住视觉显著性，围绕某个焦点进行搜索扫描，大大提高了视觉效率。

机器读片也需要看图说话，其中包含了许多技术，比如滑动窗口、图像分类、空间关系、语言生成，等等。幼儿园里小朋友练习看图说话，不会一句话就把事情全部说清楚，孩子没有这个能力。他往往需要循序渐进,把注意到的元素,按照时间序列,分层次地说出来。比如,在看一张跳跃到空中的女孩子的图片时,小朋友会说,"这是一个女孩",再补充"一个穿红裙子的女孩",在老师的鼓励和引导下,观察再仔细些,说得更生动些,才会说"一个穿红裙子的女孩在跳跃"。计算机视觉也能做到这些,而且基本上也是这个过程。

如果给机器看一张小男孩拿着牙刷的照片,可能被误读成"一个小男孩拿着棒球棒"。因为三维物体投射在二维平面上,大小会按照近大远小而变化。现在机器还难以分辨大小远近等在人类眼里很容易就可以分辨出来的不同。人的视觉在区分大小远近上的能力很强,无论离开 5 米还是 50 米远,人都能看出来,不会因为距离不同而导致大小变化,就把一个人看作另外一个人。机器不行,出现这样的错误很常见。当然也有可能是数据库里没有这个类别,查不出来,只能牵强附会。比如机器看到一张照片,里面有一尊街头雕塑——将军骑着骏马。由于背景是街道,结果机器"看图说话",给出的故事是"有人骑马从街上过"。这时我们就要给机器更多的训练图像,让它可以区别雕塑的马和真马。

七、机器读片水平超过医生了吗?

2017 年 2 月,《自然》杂志刊发了一篇文章,报道了计算机通过深度学习,在皮肤癌诊断上达到了专家水平。机器读片是在人工读片的基础上进行的,经过同 21 位获得认证的皮肤科医生的诊断意见加以对比测试后,得出了这样的结论。

在美国,每年有 540 万人患皮肤癌,如果能早期发现,患者的五年生存率可以提高到 70% 左右，而要是发现晚了，就会过早去世。

目前，借助端到端学习的深度神经网络，通过识读大量照片，即所谓的"数据集训练"，计算机就能具备识别疾病的能力。比如，在 ImageNet 上有 1 000 多万张图片，可供计算机训练之用。训练完成后，还需要对计算机做一些类似"彩排"一样的试运行，进行数据微调，以提高其正确度，然后就可以开始读片诊断了。目前可以用于训练计算机的皮肤癌图片，已有近 13 万张之多，包括 2 000 多种不同的疾病。无论从训练中用到的片子之多，还是分类之细，医生和计算机都不能同日而语。要成为一名影像学专业的医生，需要读不少片子，但数量总是有限的。然而计算机不存在这个问题，轻易就可以读到 10 万张，还用不了多少时间。而且计算机可以区分出高达 2 000 多种疾病的类型，归类之后也有 700 多种之多。要让医生记住 700 种疾病，就勉为其难了。对于计算机来说，记忆本来就是其强项，类型再多，照记不误。

2017 年 7 月，阿里云组织团队参加国际肺结节检测大赛。大赛提供样本集，包括训练集和测试集。参加竞赛的团队根据训练集，让计算机深度学习。训练集里的照片上有标签，注明该医学影像反映什么疾病或者没病。各参赛队对计算机进行训练后，再用测试集进行"答题"。最后按照测试结果的准确率进行排名，阿里云获得世界冠军，但超出第二名只有 0.2%，属于险胜。仅从这次比赛结果来看，机器读片已达到医生的水平。

最新获得报道的成果是，2018 年 2 月，一种基于迁移学习、能够精确诊断致盲性视网膜疾病与肺炎的人工智能工具诞生了。在诊断这两种疾病上都达到非常高的准确率，前者是 95%，后者也超过

90%，足以说明机器读片可以达到满意的效果。

但是，面对这样的爆炸性消息，我们仍不能盲目乐观。科学是严肃的，尤其是人命关天的医学。在谈准确率时，首先要问这个"准确率"到底指什么？是病灶检出的准确率？定位的准确率？还是良、恶性诊断的准确率？另外，检查方法到底是什么？是 CT 还是 PET？数据来源是什么？是否来自同一家医院的同一类病人？算法是否经过稳定性检验？也就是说，机器学会的读片模型是否对一家医院出来的片子识别效果好，但是换一家医院，模型效果就不行了？不考虑这些，模型就没有临床应用价值。最近有一个检测出肺结节的医学影像人工智能竞赛，最后冠军团队的准确率在竞赛小数据集测试中达到 90% 的准确率，但是真正把模型拿到实际临床环境中测试，发现只有不到 60% 的准确率，完全没有临床可用性。

八、机器读片有什么优势和弱点？

机器能够读片诊断，根本上是因为有技术上的优势。

第一，机器学习能力非常强。让一个人去读 12 万张片子，要认真仔细读，不定要花上几年，而机器速度快，一个星期甚至两三天时间就可以学完。

第二，人即便看了那么多片子，也无法做到过目不忘，机器却能看一张，记住一张，因为计算机最本质的能力就两个：存储和计算。除非存储的介质损坏，否则计算机"没齿难忘"。

第三，机器"发挥稳定"，可重复性高。人读片子容易受到外部环境和内部生理心理的影响，声音嘈杂或是情绪不佳，都会影响医生的判断。连续看片时间久了，难免疲劳，正确率和准确率会直线下降。而计算机只要算法一样，读取的片子一样，结果肯定是一样的。

人无完人，计算机也远远称不上完美，犯错误同样在所难免，有时候犯的错误还真是不可理喻。前面讲到，机器学习之父乔丹没有听从医生建议，没有因为胎儿有唐氏综合征的可能而中止太太的妊娠，结果孩子生下来一切正常。他为什么不信医生信自己？因为他不懂医学，但懂计算机！乔丹知道医生的建议来自读片分析结果。单从片子来看，胎儿确实有患唐氏综合征的可能，因为片子上出现的白点，常规上就是这种遗传性疾病的标志。但是这位计算机领域的权威人士观察到，拍片子的设备变了，片子上的变化会不会是拍片技术变化所带来的呢？那位读片的医生在学生期间面对的是10多年甚至20多年前的医学影像技术，那时的片子像素小，白点也少，所以在他看来，白点多了就意味着胎儿可能有异常。现在技术发展了，同样的影像，分辨率提高了，白点自然就多了。以前手机只有几百万像素，现在都高达三四千万像素，细节更清晰地呈现出来。医生看到白点增多，这没有错，问题在于没有把拍摄技术的改进一并考虑，才做出这样的诊断。于是乔丹和医生讨论，提出自己的理由，医生认为有道理，同意让孩子生下来，也没有进行穿刺检查，毕竟这类检查风险很大。最后皆大欢喜，孩子健康，一切正常。

机器犯错，问题不在机器，许多时候原因还在人。让深度神经元网络读片，可以得到结果，但这并不等于机器真正理解了视觉材料的内涵。从影像到诊断的过程，还需要理解、领悟和推理，而这些能力是机器不具备而人才具有的。迄今为止，机器可以做一些视觉判断，也有一定效果，但远远达不到人类的理解水平。机器只是记得更多的特征，记得更多样本是这样的，进而推断这样的视觉效果就出于这样的原因，其实未必。

所以，机器读片在某种程度上，确实可以弥补医生在某些单项上的"先天不足"。比如某些微小病灶的检出，医生因为精力、耐力、眼力等有限，确实不如机器找得准、找得快。再比如对病灶体积的测量，以前医生只是从连续二维图像上估测，而机器可以在三维图像上做到更快更精准的测量。但是，所有这一切只是把原来医生做得不够完美的方面进一步推向精准。但机器在理解生理模式和推断疾病原因上，能力还远远不够，同医生相去甚远。

九、机器读片还将如何发展？

如果说有一天医生读片的准确率真的被机器超过，但医生仍会觉得自己高过机器一头，因为医生有一个制胜法宝，那就是能用临床观察所得来验证读片的认知。也就是说，如果机器只有单一的读片信息来源，要胜任全面诊断疾病的医学使命，仍然会面临难以克服的困难。于是，问题就转变为，机器能否通过读片之外的方式，或者说更接近医生诊断的方式，来判断病情，比如说，机器能通过机械手，借助触觉，收集患者体征呢？

如果把触觉理解为对压力的感觉，这机器完全做得到，借助"压力传感器"，能够发现人体某个部位是柔软还是僵硬的，僵硬到什么程度，边缘是否光滑圆润，等等。就目前而言，机器人的压力传感器能否像中医搭脉那样灵敏，不但知轻重，还懂脉象，在脉位（即所谓"寸关尺"）、脉数（对应于心跳的次数）之外，能分辨出脉形（宽窄、软硬)、脉势(强弱、畅滞),那就有难度了。里面有太多的医生个人因素如经验甚至天赋等,很难完全做到数量化。

无论在视觉还是触觉范围,人都有另外一个胜过机器的地方。人的视觉因为有大脑参与,所以本身智能化程度非常高,人具有从较少样本学习到知识的能力,即"小样本学习"。医生接受影像学训练根本不需要像机器一样,学习几十万张片子,也不需要掌握那么多分类,就可以形成一种视觉概念,这是什么病,那是什么病。就像走在街上,看见一件"奇装异服",即便不符合任何关于服装的定义,只要穿在人身上,我们就会自然得出"这是一件衣服"的结论,不会认为这个人没有穿衣服或者穿的不是衣服。衣服的本质是遮身之物,具体的功能可能是美化,也可能是抗议,可能是排斥,也可能是勾引,但本质是遮身。对机器进行训练,学习的衣服样式再多,分类再细,只要还有训练者没想到的,机器就不可能自行"举一反三",得出"这是衣服"的结论。人工智能需要有知识的归纳能力,而这个能力我们才刚刚开始赋予机器。

反过来,人类在生活中形成的概念,也是双刃剑,在便于人类把握世界的同时,非常容易把人带入沟里,所谓"先入之见""刻板模式"等,都与这种生活概念有关。"语言即世界",人类眼睛能看到的,一定是有语言可以描述的。所谓"视觉概念"首先是语言学意义上的概念。

视觉的存在,让人在看到自己习惯看到的东西的同时,也让人自觉或不自觉地忽略自己没想到或不愿意看到的东西。人类视觉的指向性不只影响看什么,更会影响见什么,而人类的看见从来不只是描述意义上的观察到什么,更是价值意义上的如何评判。人类更容易或更愿意看到自己想看到的东西。

人类视觉涉及的这些智能、心理乃至心灵因素，同样是双刃剑，它使人类具有了直击要害的精准性，也让人类观察具有内在的偏差可能。在这个意义上，"先入之见""刻板模式"就不只是思维的暗病，而是人性的弱点。而恰恰在这一点上，机器相比人类具有无可比拟的优势。而这个优势对于强调客观性、一致性和稳定性的医学诊断很有意义。

机器本质上不具有偏向，没有特定喜好，如果有，那一定是人类训练时犯的错，比如算法不合理、数据库欠缺、训练不到位，等等。作为人类纯粹理性的仿造物，机器在读片时，面对任何影像或景象中的任何细节，抱持一视同仁的态度，能够做到真正的"巨细无遗"。不遗漏任何细节，在人类是了不起的人格特征，在机器那里只是一项正常指标。

在这个心无旁骛的基础上，加上技术上已经有保障的观察敏感度，机器在读片时纳入计算的因子远远超过了人类。医学影像通常是黑白的，彩色不是做不到，只是成本过于昂贵。对于只有灰度值变化的影像，如果灰度值差值在 10 以内，人眼是没有感觉的，因为人眼对于微小差别不敏感，也就是视觉"阈值"比较高。从整体感觉上把握衣服，人类很擅长，但对微小细节的把握，除非天赋异禀或经过严格训练，否则挂一漏万属于正常现象。但是机器观察能力和计算能力都强于人类。一旦通过算法掌握了人类的分析原理，知道医生如何读懂片子，机器自然能看出什么是病、什么不是病。如果医生无法用准确的语言描述片子及其反映的疾病，那么机器学起来自然会更加困难些，但这种只可意会、不可言传的读片经验，本身在医生之间也难以传授，最后的结果只能是读片中差错频发。总之，即使在医学读片这么一个小场景中，医生跟机器人也是各有优势，所谓机器人取代医生的讨论，好像还为时尚早，更大的可能是人机联手，相得益彰。

十、未来医生和计算机如何联手造福人类？

人工智能在读片上面确实有一定的优势，但医生的作用不仅限于读片，而人工智能在医学领域也可以有许多其他应用，比如，在分子生物学的基础上，应用分子生物的组学数据进行个性化医疗，即"精准医疗"。我们把收集到的肿瘤组织标本进行多种组学分析，包括基因组、蛋白质组、代谢组。这些不同的组学数据采集之后，用计算机做分析，学习这些分子的活动情况（表达）和疾病之间的关系。这些数据属于计算机训练模型的数据库内容。经过上述分析数据学习，模型对新的病例进行分型处理的结果非常准确。医生不看其他，只需根据结果就可以对肿瘤进行分类，进而提出对应的治疗方案。

疾病非常复杂。除了医学影像的数据之外，还有很多门诊数据、临床数据、医生诊断数据，包括基因组的数据，将来都会用计算机来处理，这是大趋势，不可抗拒。将来所有的诊断过程从住院开始，计算机就介入其中，把医生记不住的数据，统统存储起来。医生可以借助计算机的存储和计算能力，进行诊断，甚至可以参考计算机的"建议"来诊断。

客观地说，医生的水准有高低，无法完全标准化。对于每个医生来说，患者的信息通常比较复杂，相互之间还存在差异，每个人都有自己的生活特点，同样的指标对不同的人来说，可能代表不同的含义，要"因病因人施医"，即所谓的"精准医学"，需要更多的数据支持。这项工作如果单纯依靠个体的医生来完成，难度很大。医生有推理能力，但接触到的病例有限，能记住的数据量更有限。目前，在读片方面越来越强调医学大数据，中医和西医都在做这件事。这个庞大脑库一旦建立起来，医生进行诊断和治疗，就不仅靠自己的经验，还可以借鉴来自全国各地乃至全球各地同行的经验和能力，更好地为患者服务。

未来，人和机器一起合作，可以把一个病人各方面的因素做一个更全面、更精细的考虑，而在用药时，也可以把分量控制得更准，让不同药的组合更加合理。

人工智能还有一个方向叫混合增强智能，也有很多学者在研究。人的智能重点在推理和理解，而机器则在数据处理能力和速度、存储能力上更为强悍。现在任何一个人脑都比不上电子图书馆的知识密度。将来有一天，把人的理解推理能力和庞大的知识库结合在一起，或许人类可以不再学知识，只要锻炼思考能力就可以了，因为只要有推理能力，头脑上插个芯片就可以开始。这对于那些善于推理但苦于记忆的天才来说，实在是天大的好消息。

到那时，医生再不需要看 1 000 页的书，有了会读片和其他技能的人工智能，医学院的学生不用学得那么苦了，随之而来的问题是，未来医生的技能会不会越来越弱？未必。

医生看病，中医讲究"望闻问切"，西医也有"视触扣听"。医学专家凭"视触扣听"可以知道患者大概患什么病。比如心血管靠听诊，听到杂音，大概就知道是哪方面的疾病，不用借助心电图、心超。在增强混合的时代，只有让有着丰富经验和高超能力的医生同计算机

"联机"，混合才能获得出众的能力增强。

　　时至今日，人工智能再次迎来黄金发展期，人脸识别突飞猛进，自动驾驶呼之欲出，计算机视觉这个问题似乎就要迎刃而解了。2016年，美国加州大学洛杉矶分校的朱松纯教授撰文指出："对于人工智能和计算机视觉的关系，视觉就相当于说芝麻开门。大门就在这里面，这个门打不开，就没法研究真实世界的人工智能。"今天，在医学领域中，这个门被计算机视觉打开了，里面精彩的人工智能天地才刚刚在我们面前展开。

第六章
机器人独霸股市会颠覆市场秩序吗？

经济活动是人类最基本的活动，意义重大。在经济活动的一端是人与自然，体现出自然规律对人类意志的制约；另一端是个人与社会，体现出集体存在对个体意志的制约。作为经济活动的当代形态，市场因此成为个体在自然和社会双重约束下有目的行动与意外后果交织纠缠的空间。

人类必须从自然获取资源。区别于其他物种的地方在于，人不仅依赖自然提供的资源，还必须自己生产。生产可以获得收益，但需要先支付成本。在人类尚无法完全控制自然的情况下，为获取资源而支出的成本未必就能获得预期的收益。如何确保成本低于收益，而且低低益善，构成了经济学思考的一个重要方向：效率从哪里来？

人类必须集体从事生产劳动，1＋1＞2，人与人的良好合作可以提高生产效率，但合作的前提是所有劳动参与者都能获得合理酬劳。而且只有让由于适当原因无法参与劳动的人也能获得生存乃至发展机会，今天的劳动者才没有后顾之忧，未来的劳动者才源源不断。这构成了经济学思考的另一个重要方向：公平是如何达成的？

人类在摸索解决这两个问题的过程中，建立了市场，在各类市场中，诞生了一个特别的市场类型——股市。现在，随着人工智能介入越来越多的人类活动，股市也迎来了机器出没的时代，在给人类带来效率的同时，也向人类智慧，无论个体还是集体层面的智慧，提出了挑战。如果机器人所向披靡，会不会最终驱逐所有股民，从而独霸股市？会不会进而以算法取代个人决策，导致市场价格发现机制趋于消亡？会不会以算法的精确性助力计划性，让沉寂多年的计划经济体制重归主流？会不会在超越人类个体智能之后，再颠覆人类集体性智慧？

一切还在未定之天。

一、作为风险游戏，股市如何一路走来？

股票最早诞生于荷兰，距今已有 400 多年。在早期工业化时代，荷兰曾是世界上最强大的国家之一，拥有海上霸权。荷兰人组成远洋船队，前往世界各地从事贸易。在当时，远洋航行利润很高，一次出航利润 10 倍甚至更高是常事。但远航需要大型船只，受技术条件所限，造船成本高昂，而采购商品需要流动资金，航行途中还有各种开销，船员工资也所费不赀。高投入高回报，这是正常的，否则人人都去远航，供过于求，高利润将不复存在。同样正常的是，航行中存在许多不确定因素，碰到风浪，船翻了，遇到海盗，被抢了，等等，因此远航风险巨大。一次远航既可以让人一夜暴富，也可以让人转眼倾家荡产。命运难测，让荷兰人不能不开动脑筋，想方设法，来破解利润与风险之间的"零和游戏"。

终于有人想出办法：利润分享，风险共担。每人一条船，赢了归自己，亏了也只能自己承担；如果大家捆绑在一起，赢利一起分，亏损也共同承担，虽说赢利时，每个人不可能再拿这么多，但也不至于一条船出事就跳楼，长期来说，应该更加合适。好在远洋贸易是暴利行业，只要平安归来，利润足够分配，又能减少风险，何乐而不为？

于是，有船的人把船聚在一起，相互入股，你中有我，我中有你，甚至没钱单独置办船只的人也可以出资，通过购买货物、食物等，资助远航。赚到的钱，按出资比例分配，遇到风险，损失的只是部分家产，大家承受得起。股份制初露端倪，股份公司本质上是一个合伙制经营的"互助组合"。

凡事都有诞生、生长、成熟的过程。开始时，每次远航都要进行集资，船队回来后，把赚来的钱分光，大家散伙。远航是持续的事业，不是"一锤子买卖"，反复集资、清算显然太麻烦。所以，那些谈得来、彼此好说话的合作者，形成了长期的合伙关系。

一个问题刚解决，另一个问题又出现了。比如，在长期合伙过程中，某合伙人发生资金周转不灵或其本人去世后家属处理遗产，需要把钱抽回来，由谁来接盘就成了问题。最初是合伙人之间互相交易，本来甲占两份股份、乙占五份股份，现在甲把两份股份卖给乙，乙变成七份，甲就退出了，交易价格可以通过双方商议而定。这也算解决问题的一个办法。

但由此又带来一个新问题。如此交易虽然简便，却未必公平，点对点交易，最后成交价往往很难反映股份的真实价值。如果卖的人比较急，价格可能走低；如果买的人更积极，价格可能走高。按照市场经济原理，多对多的交易模式，更能反映公允价格，体现市场既要效率又要公平的内在倾向。

新的问题引出新的办法。把所有股份放在一个地方进行交易，不仅同一艘船的合伙人之间可以交易，各艘船的合伙人相互之间可以交易，原来没有股份的外部人也可以参与交易，成为合伙人。如此一来，交易范围扩大了，交易灵活性增加了，交易的效率和公平都有了。这个让大家共同参与交易的场所，后来被称为股票交易所。

股份制和交易所作为一种制度创新，满足了现实经济生活的需要，所以迅速获得市场和公众的认可。只要有利可图，手上有闲钱的人纷纷加入其中，股民队伍迅速扩大。

刚开始时，股份拥有者只是共同出资从事某项商业活动，经营成功之后，分享利益，每个人所赚的钱主要来自经营成果。如果经营状况良好，股份如同一只"下金蛋的母鸡"，转让股份属于小概率事件，带有偶发性质。随着投资者越来越多，股票市场进入第二个阶段，股票交易成为企业行为。

西方最早的股票交易所出现于荷兰阿姆斯特丹，这没有疑义。但股票交易所最早成立于哪一年，仍然存疑。有说 1602 年的，有说 1608 年的，也有说 1609 年的。其中主张 1602 年的依据是最早的股份制公司——荷兰东印度公司成立于 1602 年。虽然股份制公司的出现并不等于股票交易所的诞生，但好歹算一条理由。

股票交易所成立后，股票交易成为常态化商业投资行为，所有投资人从企业最终获益中得到自己的回报，股票价格就是经营状况的指示器。随着股份制公司的组织形式和治理结构越来越严密，投资者成立了有权决定企业经营和分配的董事会，分配方式随之发生变化。原来交易做完，赢利全部分掉，简单而且粗暴，现在董事会有了分配决策权后，从企业长远发展的角度，未必同意把利润全分光。有时，每股盈利 10 元，可能只分掉 6 元，余下的用于继续投资。

对股票投资者来说，这意味着利益分享权失去了保障，董事会的意志决定了股票的实际价值。于是，投资者的关注点变了，原来最关注经营业绩，业绩好分得多，业绩差分得少，现在更多收益不来自业绩本身，而来自股票市场价格的波动。只要能低买高卖，买进时 10 元，卖出时 12 元，不用管企业实际上是盈利还是亏损。反过来，企业盈利虽然不少，但不分红，股票买进时 10 元，想卖出时市场价只有 8 元，就亏了。股票涨跌成为持股人最关心的事情。

工业革命之后，生产力空前发展，企业规模越来越大，每一个单独的投资者所占企业的股份越来越小，股权因此高度分散。日本松下公司是一家集团型企业，松下幸之助是公司的创始人，有"企业管理之神"的称号。他生前任公司董事长兼总经理，作为第一大股东，其本人占有松下公司股票的份额少的时候只有 0.5%，但仍然是绝对第一大股东。现在，任何一个投资者从股权上控制公司的难度越来越大，所以股票发行和交易逐渐成为政府宏观调控资源流向的平台。这个进程仍在持续中，趋势是越来越多的规定不是企业自主决定，而由政府做出。比如在中国 A 股市场上，什么样的企业有资格上市，上市公司不分红会面临什么处罚，经营不佳，到什么程度就得退市，如此等等。

在世界范围内，股市大致经过了这么三个阶段。今天，股票价格波动成为股市投资者的利润来源。原来是企业与投资人博弈，现在变成投资人与投资人博弈，在买进卖出的过程中，借股票价格变动来赚取利润，成为股市操作的标的，人与机器的博弈就在这个层面上展开。

二、在风险集聚的股市上，人如何操作？

人类是一种悖论性存在。人能够做出理性判断，但不一定能取得预期效果，最后得到的往往是意外后果。人为了克服自己不喜欢的状态，想出办法，结果却迎来了自己更不喜欢的状态。股市就是这么一个悖论性产物。

人类发明股市，本身是为了分散投资风险，开始时也确实收到了效果。但随着股东转向股票价格涨跌讨生活，股市本身成为集聚风险的敞口，投资股票输多赢少。有人测算，股市买卖参与者每 10 个人里，平均是 1 人赚钱，2 人持平，7 人亏损，除非大牛市或大熊市，各国基本上都是这个比例。

投资股市又想不亏，在祈祷上天保佑之外，只有努力掌握交易技巧。任何市场包括股票市场，都不是个人单凭一己之力就驾驭得了的，技术之外，还有运气。刚刚买了一支"垃圾股"，恰好碰上被"独角兽"借壳上市，天上掉馅饼，这可以有；好端端的公司，突然遇到诸如养在海里的贝类集体大逃亡，股价暴跌，根本不给出逃机会，这也可以有。在中国人看来，做股票犹如打麻将，最大魅力就在于运气与技术都不可或缺，赢的时候让人信心满满到处吹嘘，输的时候也能让人心生安慰自我解脱。

靠技术在股市中沉浮，需要学会投资方法。

第一种是基本分析，主要基于上市公司本身以及相关信息，包括公司所在的行业、产品、竞争力、营利能力等，判断其股票可能的涨跌空间。最早的技术分析方法虽有不同，但就思路而言，都可归入基本分析。

然而，由于现代企业制度要求所有权和经营权分离，股东通常决定不了管理层的决策，包括权益兑现决定，更无法控制其他股东，所以经常出现公司运营状况良好，但股价就是上不去的情形。

第二种技术分析，即基础分析应运而生。基础分析借助各种各样的图表，通过观察对应的曲线来分析股票价格和成交量的走势，以此判断股票未来涨跌，决定什么时候买，什么时候卖。

究其性质而论，基本分析着眼的是上市公司自身状况对股价的潜在影响，而基础分析着眼的是股市交易状况对股价的潜在影响，以此作为投资者选择股票及其买卖时点的决策参照。经过多年发展，基础分析形成了许多流派，在股市评论方面颇有号召力。

最新出现了一种被称作"演化分析"的技术，说起来有些复杂，其实就是把股市看作一个生物系统，寻找其自身的"生物学规律"。运用这种技术方法，需要建立非常复杂的模型，才能发现内在的逻辑关系，尽管是否存在这些关系，还见仁见智。

至今股市还是一个混沌场合，有没有规律，有什么规律，能不能预测，仍然众说纷纭。但有一点是明确的，股市上活跃着很多股评家，擅长于做事后诸葛亮式的解读。一些在股市上亏损累累的人，以亲身经历证明了各种技术无用之后，转而利用技术及其套路式表达作为谋生之道，反倒挣了不少钱，这是股市作为人类悖论性存在的最有说服力的证明之一。

不只是中国股评家不靠谱，全世界的股评家都不靠谱。1990 年，日本股市正处巅峰时段，应运而生了一大批著名股评家。有家电视台做节目，请了一批股评大家推荐股票，分别按照三个月、六个月、一年和三年的时段，推荐可能赢利的股票。为了避免人为影响市场，股评家推荐的股票不作公开就被当场封存。

同时，人们把上市公司的代码写在小牌子上，抱上一群小狗，随其高兴，各咬一块，也封存起来。约定的时间，三个月、六个月、一年、三年到了，分别启封验证。各时段得分加在一起，最后毫无意外，以总分计，小狗组获团体冠军。

这意味着，股市预测对于人类来说，完全是一个随机事件，与买彩票中奖相差不大。许多时候，预测即便成功，多半也是歪打正着。讲对了是偶然，讲错了是必然。

在某种意义上，预测股市犹如算命，其目的无非让一个不确定的世界能够确定下来。但以人的能力包括智力，并不足以让世界确定下来，因为人本身就是自然界所有物种中最不确定的一类。既然如此，承认人类智力不够，把握不了股市之复杂，然后，让智力水平更高、计算能力更强的机器上场，局面会不会有所改观？

三、机器人如何做股票？

最早的时候，股票交易由交易员来完成，投资人把出价告诉交易员，交易员找到愿意按此价格出让的售出者，完成交易。在交易所里，买入的不止一个人，卖出的也不是一个人，必须对所有的报价和出价进行配对，才能产生交易价格。所以，股民需要到集中的场所——交易大厅进行股票买卖。后来有了电报、电话等信息传递手段,就可以远距离完成交易。股市总是一个利用新技术积极性最高的场合。

在历史上,股市自动报价最早出现于 1971 年,这就是纳斯达克(NASDAQ)。纳斯达克系由"美国全国证券交易商协会自动报价系统(National Association of Securities Dealers Automated Quotations)"的首字母缩写而成,是著名的美国股票市场之一。纳斯达克通过计算机来完成报价。面对众多投资人的竞价,交易所少不了一个庞大的机器作为"大脑",才能及时处理所有申报。所谓"自动报价"无非用机器来代替人报价的意思。

有了交易所的自动报价系统还不够,还需要有连接投资人的通道。在 1971 年,电脑还没有普及,个人电脑也没有出现,计算机都是巨无霸,所以,股民交易仍然需要通过交易员的中介来完成。2000年,美国金融公司高盛在纽约的现金股票交易柜台雇用了 600 名现场交易员,专门处理旗下客户的股票交易。

2005 年,纽交所全面启动电子化交易,不仅在交易所内部可以通过服务器端进行自动报价,还可以响应场外报价,通过网络来完成交易。这是一个里程碑式的变化,从此之后,股民不用再去交易所,在家里通过上网就可以完成交易。这一技术进步也为机器操作股票提供了基础。

机器操作股票一方面需要交易所提供服务,允许机器对所有报价单进行分析,产生定价;另一方面需要配套以现代化技术,包括电信网络、互联网乃至移动互联网,以便遍布全球各地的投资者能访问交易所的数据库,提出报价。

有了这样的基础,就可以采用机器来进行股票操作。说得简单些，机器操作股票就是一次算法交易。机器利用自动化平台，按照预先设置的一系列规则，执行指令，完成交易。原来买卖股票时，是人在思考，现在改为用计算机的芯片和代码来完成，人脑在股票交易中的部分作用，逐渐被算法所代替。

机器操作股票可从两个角度来分析。一是选股，即机器操作股票的决策环节。现在中国A股市场上共有3 200多支股票，投资者资金有限，不可能都买，即便资金充裕，也没必要都买。因为只有会波动的股票才有投资价值，而并非所有股票都会出现足够的波动，更不会在同一个时段里达到同样的波动水平，所以，需要有所选择。选股有很多策略，可以根据其历史上的波动情况，考察股性是否活跃、平时成交量大小等，或者根据公司的基本情况，比如财务报表等，还可以考虑国际国内形势走向，挖掘行业发展的潜力，如此等等。

选股的基础是数据分析，而且数据多多益善，因为只有数据足够大，才能让规律性的东西露出水面。所谓"大数据"说得形象点，就是"量化一切"，让世界数据化。问题是人的大脑功能有限，单靠大脑，无论个人的还是群体的，都难以处理巨量的数据，自然无法完成过于复杂的分析任务。究其本质，当下的数据分析是建立在数据和模型基础上的计算，也就是数据挖掘和机器学习方法。人主要借助于计算机的大数据分析来实现对股票行情的认知，做出选股决策。这意味着，现在人已经不是面对数据做出自己的判断，而是把认知对象锁定在由计算机呈现的间接客观存在，即大数据及其处理结果上，这也被称为大数据认识论。

另一个分析角度是交易，即机器操作股票的执行环节。选定股票后，投资者还需要选定时间，什么时候可以买到最低价格，什么时候可以卖出最高价格，抄底和逃顶是最为股市艺术家津津乐道的。如果说买对股票是股市赢利的必要条件，那么成功地买进卖出，尤其卖出，就是充分条件。任何交易都是一个从货币出发，转变为投资标的包括股票，最后还原为货币的过程，这一来一去所产生的货币量变化，增加叫赢利，减少叫亏损。无论人自己操作，还是通过机器来操作，判断方式和标准是一样的。

四、自动交易是如何构成的？

在专业上，用机器来操作股票买卖亦称"自动交易"，这是一个系统工程，由多个环节所构成。

首先需要开发和设计交易系统。要让机器干活，先得给机器装上思考股市操作的"大脑"，包括能够进行信息采集和分析的"大脑"，即人工智能的柔软部分。

其次需要进行时间序列分析。这就是说，机器开始用自己的"大脑"为发现股票、确定买卖时机进行前期准备。在股市上，股票价格是随股民出价而不断变化的，股票交易在本质上也就是对股价涨跌预作判断，而判断来自对以往数据的分析。

股市涨跌可以从整个市道的角度，也可以从个别股票的角度，来观察和分析；可以按照一个交易日内不同时段，也可以按照一天、一周、一月乃至半年或一年为单位，来观察和分析。无论是长周期如一年，还是短周期如一天，股市交易时间的含金量并不是均质的，比如开盘半小时或收盘半小时的成交量和涨跌情况，往往具有特殊意义，更能反映出未来的趋势。在一年的时间里，股市也会呈现类似潮汐的波动韵律,股市上有许多"股谚",如"五穷六绝七翻身",说的就是五月、六月股市下跌的概率比较大,而七月上涨的概率比较大,甚至可能把前两个月下跌的损失,全部补回来。当然,同所有作为经验之谈的谚语一样,股市涨跌不会真像月亮引力造成的海洋潮汐那么准时,否则不要说机器没有用武之地,人也不会创设股市。一个完全服从规律的股市,是一个词语矛盾,毫无意义。

在此基础上,人们需要为机器设定股票操作策略,是激进的还是保守的,是长期的还是短期的,如此等等。这是为机器制定的规则,机器按照规则发现股票,进行交易,不能自作主张。操作策略的设定并非从一而终,需要不断调适,加以优化。在这个过程中,机器需要接受训练,并作进一步的评价和回测。也就是用历史上某个时段的数据来供机器作判断,看其选择哪些股票,什么时候买进或卖出,再用后面的历史数据来验证算法的准确与否。调校到位后,机器就可以进入股市,准备好真刀真枪地买卖股票了。

在此之前,还需要补上一课,让机器学会风险管理,针对可能的突发事件,即通常所说的"黑天鹅"事件,未雨绸缪。随着全球化程度越来越深,地球上任何一个地方发生重大事件,都可能影响一个国家的股市,但许多时候,这些突发事件又是原来未曾预见到的,比如某个国家爆发金融危机、重要国家之间发生武装冲突,或者一个国家的选举难产,都会对股市产生重大影响。当此之际,机器必须及时做出反应,而要确保机器及时反应必须提前植入相应算法,一旦接到有关信息,决策机制就能自动开始运作,完成交易,应对风险。

总结一下,机器操作股票,也叫"量化交易",基本上遵循同样的模式,纯从技术上说,运行步骤如下：

一是获取数据。建立有效收集、存储、索引和检索数据的基础设施,并达到与市场微妙级水平的同步速度,确保机器知道的多、快而且准。

二是清洗数据。收集到的原始数据常常出现缺失、损坏、不对齐或其他问题,所以配置模型前,必须先对这些不规范数据进行处理,这是一个乏味但重要的环节。

三是运用专业知识。这个过程包括目标函数的选择、合理的近似以及用于求解的算法选择。金融模型通常具有低信噪比和大量的博弈论先验知识,理想的模型通常具有平移不变性。领域专业知识通常来源于许多已经发生的成功或失败的案例。

四是建立模型。这部分是人工智能算法发挥作用的地方,但没有赢者通吃的标准技术。通过机器学习,总结已有算法的成功经验或失败教训,有助于提出更好的算法,来解决老的问题,或者针对新的问题,研制出新的算法。

五是验证模型。把研制出来的人工智能模型直接投入竞争激烈的市场,经受"虚拟操作",以发现实际存在的问题,并加以改进。

六是执行交易。现在,机器可以进入交易策略的实现和执行,也就是正式进入实际操作阶段。全身披挂,机器人带着量化交易的利器上场了。

五、与人相比,机器人做股票有何优势？

随着人工智能被应用于股市投资,人—机同台博弈的情形越来越多,中国股市上的散户已经开始感觉机器量化交易的压力,"总比机器慢一拍",是他们不无自嘲的体会。从理论上说,机器人相比股民至少占据五方面优势:

一是机器人在评估历史数据上占据明显优势。股票交易天然就是量化的,买卖哪支股票,报价多少,什么时间交易,最后以什么价格成交,总共成交量多少,每天有什么变化,所有这些都表现为数据。这些在旁人看起来极为枯燥的数字,在股民眼里却金光闪闪,充满意义,这就是技术分析的魅力所在。但也正是在这里,人与机器存在天然差距。面对数据,人多半看了前面忘了后面,即便天才,也不可能把几年的交易数据全装进脑子里,随时取用。而借助计算机,利用大数据技术(如 Hadoop),可以把结构化数据(如股票交易数据)、半结构化数据(如股票论坛帖子)、非结构化数据(图片、语音)等存储下来。计算机的主要特长之一是记忆,可对所有历史数据进行统计和分析,在今天不需要太好的硬件和软件就能轻易做到。交易数据不仅量大,而且复杂。在动辄涉及几千、几万维度交易数据空间里,人的头脑再聪明,也无法将一个待解决问题的所有影响因子都分析清楚,只能采用简化的数学模型,来拟合复杂数字世界里的规律。而基于机器学习的人工智能算法显然可以在数据分析与数据预测的准确度上,超出人类好几个数量级。

二是机器人执行更加高效。股民买股票时,先看交易所的股价动态变化,进行一段时间跟踪,达到心理价位,再输入电脑,经过网络,进入价格配对,然后才有可能成交。在这整个过程的各个环节上,都不可避免存在时滞,输入股票代码和报价,也需要时间,因此而错失机会是常有的事情。而借助机器进行的程序交易或者量化交易，不需要通过视觉环节，能直接捕捉到数据，进行交易操作。减少环节，节约时间，有时在股市交易中是制胜法宝，就此而言，人类在起跑线上就输给机器了。

三是机器人不受情绪影响。股票交易事关盈亏，利益当前，股民要么瞻前顾后，要么盲目冲动，要保持平常心，说说容易，做起来难。股市是一个群体场合，极易诱发"羊群效应"。股价大跌，跟着"割肉"，股价大涨，追风买进，结果皆大欢喜的时候少，暗自神伤的时候多。而机器一切都由程序决定，没有情绪，输赢充其量只是机器训练时经受过的奖惩，对以后决策或许会有改进效果，但对当下操作不会有任何影响，犹豫、亢奋、沮丧都不在机器人的字典中。坚定不移地按照既定方针办，机器人天生有定力。

四是机器人更讲原则。在计算机面前，一切都是可度量、可计算的，所以能够精确计算在某一个价位或时点进行买卖，以确保收益或者减少损失。这里就涉及股市交易的一个重要技巧，即止损或者止盈。股市有涨跌，没人能确定最后能涨多高、跌多深，见好就收或断臂求生，是股民在股市上沉浮而不被淹没的护身法宝。但在实际操作中，不要说能否精准设定止盈或止损价位，就是设置到位的，也没有多少人能急流勇退。结果不是涨了没有获利了结，权当坐了一回"过山车"，甚至把赢利重新赔进去，就是亏损之后心存侥幸，越套越深，股民成了股东。而机器却不会蹈人类之覆辙，只要设定了原则，机器人会毫不踌躇地执行指令。在各类交易市场上，由于引入量化交易或程序交易，价格大起大落时有发生，原因之一是只要价格变动触及机器自我设定的价位，程序交易就会坚定地加以执行。如果遇到多个机构投资人采用相同的算法，机器设置了相同的止损或止盈的指标，那引发共振的可能性以及共振带来的波动幅度，都将大大超过股民的想象。

五是机器人交易频率比人高。操作股票交易，输赢在一念之间，注意力高度集中，大脑极易疲劳，反复高强度操作，难免出错。而机器只要供电正常，散热良好，操作频率几乎没有限制，而且发挥稳定，既不会疲劳，也不会因为前面操作结果暂时不如预期而影响心态，一切按部就班、照章办事。人在边上除了自叹不如，就只剩下坐等结果了。

六、机器人操作股票战绩如何？

市场是一个以成败论英雄的地方，机器到底行不行，不用同人比方法，只要比结果就是。在哪里都没有像在股市中那样，图灵测试可以获得最有力的证明。股市就是一个"黑屋子"，最后的损益就是送出来的答案，只要赢了，不用问是人的决策，抑或机器的决定，还是小狗的运气。

詹姆斯·西蒙斯是一个数学家，曾和华人数学家陈省身教授合作，共同提出了"陈氏—西蒙斯定理"。后来投身量化交易，创立名为文艺复兴科技公司（Renaissance Technologies）的对冲基金公司，用量化交易来赚钱。西蒙斯不仅是个很牛的数学家，还是个很有黑客精神的密码学家。此外，他还立志用数学模型来赚钱。他的公司盈利分别为 2005 年 15 亿美元、2006 年 17 亿美元、2007 年 28 亿美元，三年时间有 60 亿美元的进账，战绩可观。当然这是公司层面的收益。他个人经常在福布斯富豪榜上排在前 100 名里。他是量化投资历史上最成功的一个人，也是世界上最聪明的亿万富翁。

机器操作股票能盈利，也会亏损。有一个长期资本管理公司，原来一直收益良好，屡创佳绩，但当"黑天鹅"降临时，机器却加了杠杆。因为通过历史数据比对，机器认为操作可以更激进些，60倍杠杆的结果，是把以前的盈利全部赔了进去。幸好公司已经"大到不能倒"，最后由几家大的金融公司集体把它收购了。

这说明，机器操作股票的胜算确实比较高，但并非万无一失。那人—机结合如何，会好一些吗？中国证券界有名的"8·16"光大证券乌龙指事件，提供了另一个案例。当时证券公司并没有完全采用量化交易，只是把机器用于选股，最后由交易员来操作，哪知道交易员输入时错了一个数字，当日损失1.94亿元。

今天，还有很多金融公司试图借助机器来解决问题。其中用得比较多的技术，第一项是机器学习，可以用数字推测模型，找到一些规律，来提高证券交易的效益和效率。像对冲基金桥水联合、Rebellion Research和伦敦对冲基金，都采用了机器学习技术。

第二项是自然语言处理。主要通过对公司的内、外部信息作分析，掌握公司的动态。今天，几乎所有识字的人都已触网，喜欢在网上表达喜怒哀乐，包括炒股得失。这就让相关企业可以通过自然语言理解的方法，判断股民的买卖、损益、情绪，以及接下来的投资愿望，进而找到公司本身的交易机会。比如，通过反向操作来获利。毕竟在股市中，70%的人判断是错误的。

第三项是知识图谱，主要用于避免"黑天鹅"事件。借助对不同事件及其关联可能对股市产生的影响加以分析，可以提前预判突发事件发生的概率，做好操作策略方面的准备，一旦危机来临，就能果断处置。量化操作本来就胜过交易员，如能进一步减少突发事件的影响，那机器将"打遍天下无敌手"。

七、机器人独占股市，会造成"齐步走"吗？

既然机器人操作股票如此成功，专业公司也已越来越多地引入人工智能，那么会不会造成股民和交易员全部退出股市，放任机器人捉对厮杀，就像围棋界如果放任 AlphaGo，最后必定只剩下机器人相互博弈？如果股市上全部采用人工智能，相同型号的机器人面对相同的大数据，运用相同的算法，采取相同的深度学习，股市上还会有不同的操作策略和投资标的吗？

有人认为不一定。因为相同的大数据还要看数据的结构，尤其是其中的特征量。如果面对一个特征量比较近似的数据库，算法内含的随机函数会导致不同的操作策略和投资标的；而如果特征量差异比较大，机器没有用到随机函数，可能会出现相同的操作策略和投资标的。

还有人认为，面对相同的数据，虽然机器人都做了同样的交易判断，比如都在买 1 那个位置，做出了买入的操作。但所有机器人中只有一个实际完成交易，买 2、买 3、买 4 都没有成交，成为"空操作"，而下一个机器人就不会做买 1 的判断，所以从交易是一个时间序列的角度，股市天然不允许整齐划一的情况存在，不管是机器还是人在操作。

也有人认为，即便机器人根据同一个大数据，做出整齐划一的报价，但一旦交易配对完成，机器人所依赖的大数据本身将会发生变化，不断成交，不断变化。在这个动态过程中，机器人面对同一个大数据这样的说法，本身存在逻辑漏洞。"人不能两次跳进同一条河。"

古希腊哲学家的思考在机器人股票交易决策中回响。

不幸的是，上述思考貌似合理，其实并没有抓住真正的问题，因为犯了一个逻辑错误。这里讨论的是交易的起点，而不是终点！如果所有机器人因为相同考虑，而一致决定买进某个股票，没有卖出，交易标的和交易方向完全一致，无法配对，有价无市，那毫无疑问，股市只能休克。

对这个问题，关键看怎么理解。如果仅仅从字面意思来理解，同样一堆数据，同样一套算法，股市死机是完全可能的。因为计算机最死板，虽然计算能力和存储能力强大，但与人相比，机器最傻的地方就是严格执行代码，只要数据相同，出来的结果必定是一样的，用技术语言来说，就是机器决策的重复度高。所以，真到相同机器人独霸股市时，股市休克恐怕在所难免。不过，要是人类真愚蠢到让一模一样的机器充斥股市的话，那首先反映出来的不是机器无能，而是人类无聊。

至今为止，股市是由个人行为所组成的，但股市并不是个体行为的简单集合，股市的本质特性是社会性。国家之所以要建立、管理、规范和引导股市，就是因为股市运营同宏观经济运行有许多内在关联。如果股市被机器占领，宏观上对经济又会产生什么影响？

人类与机器较劲，最让自己感觉良好的是，"人有自我意识，机器没有"。因为人有了自我意识，对许多人来说，智能只存在于个人的脑子里。其实不然。

在人类作为社会成员所构成的集体中，也有智慧，它能处理个人没有能力处理的事物，还会产生出人类愿意但不敢想的结果。股市和股市之外更大的市场，只是人类集体性智慧的一种表达形态。现在，机器人杀进来了，在取代股民个人智能的同时，会不会把人类的集体智慧也取而代之？

八、股市作为价格发现机制，会被算法取代吗？

在经济学意义上，市场的基本功能是有效配置资源，而市场配置资源的效率来自价格发现，能够以买家接受的价格销售产品并持续经营下去的企业，就是有效率的企业。市场竞争根本上是价格竞争，区别只在于形式，即以明确的销售价格、售后服务、购物环境，还是其他形式来表现。

股市提供的不是商品的价格，而是企业的价格。股票价格可以参照多重标准来衡量，比如净资产，意思是将企业真的卖掉，可以获得多少钱，折合为每一股有多少钱。净资产和股票价格之间经常不一致，绝大部分情况下，股价要远远高于净资产，其中包含了溢价部分。股票有溢价意味着社会公众对这家公司的评价高于它实际的账面价值，看好这家公司未来能够值这么多钱，所谓"买股票就是买未来"。所以，股市不仅能发现价格，而且比普通商品市场更强悍的是，能够发现未来的价格。股市是一个价格发现机制。

股市发现价格是由一个个股民用"投票"方式来达成的，而不是通过某个机构规定的，这个过程同农贸市场小贩确定每天菜价是一个道理。

小贩独立进货，自主定价，按常识应该参差不齐，但观察市场，同样品种如果质量相差不大的话，小贩报价几乎是一样的。小贩没有开会商议，为什么会报出一样的价格？道理很简单，所有小贩在进货时都会观察到货多少，到货多的，要快点卖掉，价格肯定便宜；到货少的，大家都要，价格肯定会上去。进货价格决定销售价格，此其一。

　　小贩在自己熟悉的环境中销售货物，基于消费者的需求量、现金流和价格承受力等历史数据，会形成自己的判断，知道哪个品种在什么价位上能够实现利润最大化，努力在利润率和成交量这两条曲线的交会点上，获得自己的最大利润。此其二。

　　销售是一个过程，价格报出来，如果市民排队购买，说明价格低了，必须涨价，否则转眼销售一空，回家干什么？如果没人购买，说明价格高了，必须降价，否则别人卖完了，自己还坚守阵地，那么多菜带回家干什么？价格不是任意定的，而是在交易中发现的，无数消费者同无数商家之间相互博弈，逐渐趋近的平衡点就是价格。此其三。

　　只要把小贩和市民换成股民，那么菜市场上发生的一幕，大致上也就是每一天股市上发生的情况。卖出者报价低了，瞬间被抢光，后来的卖出者自会抬高价格，直至涨停；反过来，报价高了，始终无法成交，如果还想卖出，只能一步步降价，直至跌停。最后的价格和成交量在交易双方相互试探中达到平衡点。

　　现在有了人工智能，而且股民输给了机器，那么个人全部退出，让算法来执行价格发现的使命，确定价格之后，投资者该给企业多少就给多少，岂不省事？

　　这是做不到的。

　　首先，算法不可能凭空给出企业的准确价格。机器需要大数据，没有市场，数据无从产生，靠个别人收集相关数据，很难做到齐全准确，要给那么多的企业一个个提供合理价格，更加困难。反过来，通过无数个人的自主决策，虽然绝大多数人面对有限信息，得出有限认识，最后决策也只具有有限的合理性，否则股市上不会有70%的人亏损,但反复对冲之后,实际得出的价格有可能是合理的。

其次,股民投资股票的决策过程,看似理性,其实夹杂着大量不理性的因素,各种个人偏好充斥其中,而且表现出极大的个体差异。在这个意义上,股市就是一项"去芜存菁"的机制,在消除各种非理性因素及其交互影响的基础上,达成理性的价格发现。这就是所谓"分散决策"的合理性所在。

再有,既然数据来自每个股民的决策,那么计算机能否以每个人的决策模式为"历史数据",对机器进行训练,通过深度学习,建立相应模型,然后整合在一起,通过交易和对冲来发现价格呢? 不行。因为一个人的行为方程,可能要成百上千条的算法才能表达出来,而要完整模拟所有这些数据和规则,用简单的算法是做不到的。

最后,如果说每个市场主体的交易行为真的可以用算法来描述,什么时候买,什么时候卖,那么每个人的决策过程本身就相当于一个算法,每个人都是一台图灵机,都在运演着一套复杂而且独特的算法。而所有市场主体集合在一起,相当于构成一个超级的互相联动、互相引发、互相融合、互相对冲的整体算法。在这个意义上,市场是一个大算法,至少到现在,机器还无法取代它。

所以,尽管机器人操作股票交易在技术上已经成熟,但希望借助算法来直接给出市场价格,进而实现资源合理配置的构想,所缺的不只是技术,更缺理论和方法论证明。

九、机器交易做预测依据何在?

在经济学视野中,股市是一个"价格发现"的场所,而在数据科学的视野中,股市是一个预测的场合。无论"买股票就是买未来"的说法还是所谓"企业估值"概念都涉及预测或预见,而不能预先判断大盘走势、个股涨跌,要不要入市、该买哪支股票都会变成纯粹的碰运气。所以,机器要与人同台交易,收割"韭菜",靠的就是人工智能比人有更强的预测能力。那么,这样的预测的根据是什么? 站得住脚吗?

1. 预见未来谈何容易

机器操作股票的统计学原理始于回归: 机器对某一支股票的分析,必定是基于其过去的表现,因为未来还没有发生。利用历史数据进行分析,虽然可以找到一些规律,但如此"规律"潜藏着一个方法论的陷阱,因为它可能只是"假象的总结"。

多少年来,地球人天天看到太阳升起,但真要预言太阳明天还会升起,仅仅因为太阳天天升起,所以按照归纳逻辑,就推断出明天还会升起,是远远不够的。不能从理论上说明太阳和地球的关系、两者的天文学寿命以及太阳和地球继续存在的理由,就无法得出有说服力的论证。基于过去经验而得出未来判断本质上都属于归纳范畴,单从逻辑上说,归纳是不可能的。在全世界乌鸦都被检验完毕之前,没有人能说"天下乌鸦一般黑"。

人类在自然界里属于自由度最大的存在物,人有自由意志,可以"知其不可为而为之",从而导致个人行为具有很大的不可预见性,所谓"喜怒无常""行为乖张"所表达的"不按常理出牌"的意思,都会提高预测的难度。更何况,人类行为还有宏观或群体层面,大量个体行为的叠加所产生的整体效应,更难以预估。所以,在人类的字典里,

"未来"永远是不确定的，让不确定的未来对于今天的人具有确定性，这是从算命到星象术的共同功能，但其作用主要是心理安慰，而不是真的用来把握世界。

即便机器可以通过对过去数据进行回归分析，从相关关系中找出规律性，以此作为预示未来的信号，但由回归分析所获得的曲线，仍然没有跳出"从过去看未来"的模式。看似比简单归纳具有更多的数学支撑，但仍然面临本质上相同的问题：在回归曲线上，拐点或者"黑天鹅"会在哪里出现？一个馒头没吃饱，两个没吃饱，三个也没吃饱，并不能由此得出"馒头是吃不饱的"的结论。

经济生活中，企业"大到不能倒"的现象并不鲜见，但 2008 年美国金融危机爆发后，莱曼兄弟还是因为美国政府不肯伸出援手而倒闭，出乎许多专家和投资人的意料。对这类异乎寻常的事件能提前做出预见或预测，才是股市投资最为需要的。有的经济学家因为对"黑天鹅"偶尔做出了成功的预测，就被惊为天人，其实只是撞大运，同普通投资者偶尔在股市上赢了一把差不多。在此情况下，如果机器人能够做到这一点，抄底逃顶屡试不爽，那真将所向披靡。

2. 找到直接相关性也不容易

迄今为止，统计分析是人工智能的基本方法，计算机从大量的数据中发现不同现象存在相互伴随的状态，由此证明两者之间存在关联，进而推断有其一，必有其二，或者反过来，有其二，必有其一，最后得出结论，可以通过发现其一，进而预见其二。如此推理在实践中不乏成功案例，但在学理上，与其说是科学，仍然更接近于运气，因为相关关系的建立中同样存在方法论陷阱。

统计分析容易遭遇"伪相关"或"中介相关"，即两个变量本身并没有关联，只是因为共同受到第三个变量的影响而看上去有了关联。国外社会学家曾经发现这样的"规律"，即一个城市的犯罪率同该城市动物园里动物的数量成正比，也就是动物园饲养的动物越多，犯罪率越高。虽然这一相关关系在统计分析上获得了足够的数据支撑，但没有人会由此提出建议，用送走动物而不是抓捕罪犯的办法来减少城市犯罪，毕竟动物园代替不了警察局。

这种有违常识的相关模型很大程度上源自动物园里动物数量与城市犯罪率之间存在着某种中介变量。比如，通常情况下，城市规模越大，动物园里动物数量就越多，而城市规模越大，犯罪率也越高。城市规模同时与动物园里动物数量和犯罪率相关，使本来不存在相关关系的动物数量与犯罪率之间呈现某种关联性。这种关联自然是虚假的，即所谓的"伪相关"。

找到"城市规模"这个"中介变量"（时常又称为"隐变量"），是否就能找到城市犯罪数量的相关变量？未必。所谓城市规模越大、犯罪数量越多的相关关系，本身仍然可能是"伪相关"。有没有什么因素比如人际交往的匿名性，同时对城市规模和犯罪率产生影响，从而使得两者表现出某种相关性？毕竟匿名状态下更容易发生财产或人身伤害行为。如果有数据表明确实如此，那么又会提出匿名因素与犯罪率之间是否存在"伪相关"的问题，毕竟"宰熟"或"熟人强奸"的案例也屡见不鲜。如此层层推演，势将趋于无穷。仅凭定量数据，即使再多，人类也无法判断任何一种相关关系是真实的，而不是虚假的。

在自然科学领域中，两个因素之间是否存在相关关系，可以通过实验方法,经验地加以证明。比如即使不知道摄入盐分过多是如何造成高血压的,并且因为食盐量较多的人未必都患有高血压,但至少可以从统计概率上确认多吃盐与高血压两者相关。

但在社会科学领域里,对人进行实验的机会不多、限制不少,因为按照康德的推断,"人是目的,不是手段",不能用作实验对象。2015年中国股市经历了大起大落,证监会临时推出"熔断机制",这项具有社会实验性质的新政,导致众多股民损失惨重,最后熔断机制本身被"熔断"了。

更有甚者,即便通过用人做实验,得出了符合预期的实验结果,仍难以断定存在着真实的相关关系,因为预期结果的出现有可能是实验误入"预言自动实现"陷阱的结果。

比如,股评家"预测"某个股票第二天会涨,散户信以为真,纷纷买入这只股票,众人抬轿之下,股票真的涨了,而股评家本人乘机将预先建仓的股票悉数售出,大获其利。关于人类行为的预见会因为被预见者的主动响应,而使预言成为现实,这与其说是预测的成功,毋宁说是忽悠的成效。"股市黑嘴"赢利的奥秘就在这里,证监会视之为操纵股市的犯罪行为的理由也在这里。

所以,对基于大数据而得出的预测,可以采取两种态度:一是只需知道某个规律,不用弄明白其中机理,照着办就是。比如,通过比对大量售票数据,知道提前多少天购买机票价格最便宜,至于什么原因并不清楚,如果只为省钱,那不妨听从机器,在人工智能预测的那个时间段里购票就是。二是真正弄明白事物之间的因果联系,进而通过控制一个因素来实现对另一因素的控制,但这样又会遇到新的问题。

3. 找到人类行为背后的因果关系更不容易

法国社会学家孔德有一句名言："认识之为预见之，预见之为驾驭之。"人类认识世界，是为了预知世界会怎么样，而要把握未来则不但需要知道未来可能发生什么事件，还需要知道什么因素如何决定未来会发生这样的事件。因为只有知道事件的发生原因和机理，人类才能通过干预原因而影响未来事件的发生或发生之后的发展方向。单凭知道两个变量之间存在关联，却不知道关联是如何建立的，就无法达到控制一个变量进而影响另一个变量的目的，干预未来自然成为一句空话。预测本质上属于因果律的范畴。

对此，有人不以为然，"机器分析大数据本来就无意探究因果关系，而是更加专注于相关关系，但这并不意味着就没办法发现因果关系，如果分析对象本身包含因果关系的话，大数据方法肯定有助于构建因果关系模型"。这样的说法既有道理，也没道理。

说它有道理，是因为通过大数据分析，真有可能发现两个因素之间只要一个因素在，另一个因素一定在，最后通过控制一个因素真的控制住了另一个因素。即便两者之间因果的机理尚不清楚，但只要因果关系存在，这一认识就能取得实际效果。比如，有的药物对于某种疾病确实有效，而研究人员只知有效，不知何以有效，这并不影响药物得到批准被用于临床。

说它没道理，是因为这样的观点仍然面临一个方法论问题：如何组织大数据以确保因果关系已经内含于数据包之中？可以有两种办法：一是机器本身有能力不管大数据中是否包含因果关系，只要数据足够大，总能发现因果关系；二是人类确知因果联系存在之后，才将大数据"喂"给机器。显然，前者是不可能的，因果关系同数据量的大小不存在简单的对应关系，而后者则更是一个词语矛盾，因为如果我们事先已经知道因果联系存在，还需要让机器来寻找吗？

因果关系纯粹从形式逻辑的意义上说，就是"充分必要条件"，只要确认"有其一，必有其二"，人类就可以通过控制其一，来影响其二。这相对来说比较简单，人工智能通过大数据分析，能够做到这一点。问题在于，单纯逻辑上的"必要条件"，与人类所求索的因果联系仍然存在距离，因为不知道内在机理，就无法实现有效控制。人活着是身体内癌细胞活着的必要条件，但我们不可能用让人死亡的办法来消灭癌细胞。

关于因果关系真正有价值的认知是掌握关于变量之间存在相关或因果关系的内在机理，也就是搞清楚关联是如何建立的、借助了什么样的原理等问题。在这个意义上，以人类已有的知识来解释人类未知的世界，既是因果分析的本质，也是科学预测的本质。但即使在因果分析作为基本认知手段的场合，因果概念的使用也未必严谨。

法院是一个讲究概念清晰、逻辑严谨的地方，因为法院必须对人的行为及其后果给出毫不含糊的裁决。但从判例中不难找出因果关系的确定存在不够严谨之处。比如甲把乙推落悬崖，致其死亡，被判故意杀人罪，好像无可置疑。但纯粹从因果律来说，甲推乙并不必然造成乙的死亡。如果不是在悬崖边，而是在平地上，推人一把并不会致人死亡，最多让人摔一跤而已。如果乙带着降落伞，或者山崖下有厚厚的植被，掉落悬崖也不一定造成死亡。

真正致人死亡的原因是地球引力，只要存在一定落差，而且既不存在阻碍被推的乙以自由落体的速度下坠，也不存在改变动能释放的缓冲，从悬崖上掉落而致死亡，那就是必然的。所以推一把只是触发地球引力作用的条件，而且只是在特定环境中才能发挥作用的条件。

当然，法官不可能判地球犯"过失致人死亡罪"，所以只能把甲有意创造条件，借地球引力作用造成他人死亡的行为，直接视作"致人死亡"的行为。如此判决符合常识，但并不符合严格的因果推理，所谓"原因"其实还只是条件。

在涉人事件的因果分析中，最后被作为原因来处理的因素许多时候更多地同人的动机相联系，而不是同导致事件发生的客观因素相联系，而人类动机本身难以确定，不但有意志与心理的区别，还有目的与理由的不同。即便在理智如股票买卖的场合，个人决策背后的真正动机是什么，远不是机器所能判定的，而只要判定不了人的动机，就无法按照因果关系来预见个人的行为。

可以作为替代方案的是，机器通过海量数据中无数个人因素的相互抵消，不再区分意志与心理、目的与理由，从而获知未来事件的发生概率。到这里，因果分析重又回到相关分析，所有论证又得重新再来一遍。如此循环论证的过程，让人不由得想起"怪圈"这个概念。

真正哲学意义上 X 和 Y 的因果关系，应该是控制宇宙中其他所有变量的值不动，改变 X 的值，看 Y 的值是否改变，或者 Y 的概率分布是否改变。这样的因果关系的检验显然是不可能的。于是，就有了很多的近似。如在经济学上常用的格兰杰（Granger）因果关系。它的思想是用统计的方法来检查 X 对目标变量 Y 是否有着不可（被其他观测到的变量）替代的预测能力。如果，X 在预测 Y 中的作用没有证明可以被替代，X 和 Y 就有了格兰杰因果关系。这样的近似固然粗糙，因为始终存在着被证伪的"风险敞口"，但仍然是一个杰出的努力，因为科学的本质属性就是具有可证伪性。格兰杰因此获得2003年的诺贝尔经济学奖。

4. 不遵循因果律的缘分最不容易把握

至今为止，在预测未来上人与机器的最大区别是机器离不开大数据，而人类只需要小数据就成。更悖谬的是，机器依赖的大数据恰恰是人类凭借小数据进行预测并进而采取行动的产物：没有那么多股民每天在股票市场上预测和决策，买进卖出，积累起巨量数据，机器真会"巧妇难为无米之炊"。

按照人类思维特点，无数个体所做出的股市分析，也可以归入因果分析的范畴，虽则其中有许多只是股民自认为的"因果分析"。奇怪的是，股民中确实有高人，平时智商一般，偏偏在判断大市、选择股票、决定交易上，屡屡命中，甚至歪打正着，专家尚且直呼"不可思议"，遑论量化交易的机器人。这种类似"灵感"的预知未来能力几乎是人类军事家、政治家、艺术家，还有投资家的特权，属于人类大脑最神秘的属性，其背后的机理甚至还没有进入人类严肃探讨的议程，机器要想凭借大数据和人工智能来揭示乃至超越之，一时真找不到方向。

因果分析本质上属于"历时性"范畴，所谓"前因后果"，必须因在前、果在后，这样才能通过控制因而影响果。但在中国文化中，还有另一种关系范畴，叫作"缘分"。缘分属于"共时性"范畴，大千世界芸芸众生，凭什么你我素昧平生，今天会同时出现在某个地方？缘分使然，有缘自会不约而同，同时出现于同一个地方。

把"缘分"概念用于股市，就可以解释"奇人"为什么能够成功：与中国股市有缘，其思维方式正好同中国股市的内在逻辑一致。如何一致，无人知晓，当事人也不知晓，但事实胜于雄辩，众人跟着他炒股，果真能赢。

如果此说当真，那么现在要为机器设计一套算法，到底是按照因果关系来构思，还是按照同股市的缘分来凑巧？学会了深度自主学习的机器人，能从海量数据中，琢磨出中国股市的逻辑，从而找到自己的缘分所在吗？未来炒股机器人会不会各有各的算法，而且最后导致它们业绩不同的根本原因，不是关于因果的预测做得好不好，而是与股市的逻辑是否有缘？

如果机器能解决所有这些问题，从真实相关、因果关系到缘分，那就不仅仅是战胜股民的问题，而是战胜整个人类的成就了。

十、机器能让计划经济重新成为主流吗？

股市在引入算法的同时，也重新引发了经济学界一个由来已久的重大争议。80多年前，全世界主流经济学家曾为之争执不已，直到20世纪60年代才基本达成共识。这个争论就是关于市场经济和计划经济孰优孰劣的问题。

市场经济的根本动力来自竞争或曰对抗。供过于求，卖者竞争，价格下降；供不应求，买者竞争，价格上升。市场就这么简单，利益对抗形成价格，供求关系调节价格。为了自身利益最大化，每个人努力工作，效率很高。但是每个人追求自身利益最大化的目的，未必都能实现。有人成功，集聚巨额财产，有人失败，一无所有。高效率、低公平是市场经济的根本特征。

市场经济通过价格调节生产，但属于事后调节，一定是商品多了，价格才下降。事后调节的结果是一大批社会财富被浪费，市场经济体制确立之后，每次重大经济危机无不伴随大批商品被销毁的现象，就是这个道理。理论和实践都已经证明，对于价格弹性低的商品来说，毁掉比卖掉合算，价格弹性高的商品降价卖掉更合算。大米或牛奶会被倒掉，但从来没有把汽车扔了的，因为汽车的价格弹性比较高。

市场经济以大量财富浪费作为调节生产的手段，过于极端，因此被认为非常不好，需要改变。改变的方向是变事后调节为事先调节，通过制定一个计划，恰到好处地满足社会需求，不就可以减少甚至消除浪费了吗？

计划经济由此诞生。

在理论上，计划经济事先知道社会需要多少商品，也知道社会能生产多少商品，按照社会需要组织生产，需要多少，生产多少，供求始终平衡，所以看起来非常美好。

然而计划经济体制进入实施后遇到了问题，原来的设想根本无法达成。因为供求匹配需要一个无所不知、无所不能的计划者或决策者，其随时随地都能精确掌握社会上所有需求信息和生产信息，并给以相互匹配。但在现实中，这个无所不能的决策者是不存在的，所以西方主流经济学家提出，计划经济只是一种美丽的幻想。

当时社会主义阵营有一个非常著名的学者奥斯卡·兰格，他担任过波兰驻联合国大使，后任波兰部长会议第一副主席，相当于政府第一副总理。他认为计划调节是完全可能的，可以先提出一个价格，然后用试错法，看供过于求还是供不应求，反反复复实验涨跌，最后得到一个认可的价格。

由于当时计算能力差，所以价格匹配的问题无法解决，但兰格坚信，将来电子计算机发达了就可以做到，他的计划经济构想后来就被称为"电子计算机乌托邦"。

到 20 世纪 60 年代，东西方差异越来越大，兰格也过世了，讨论不了了之。事实上，越来越多的人质疑计划经济。到了 70 年代末，世界发生巨变，市场经济国家和计划经济国家都出了问题。一方面，实行市场经济的国家，尽管经济发展效率很高，但社会财富的分配差距越来越大，社会矛盾不断激化，工人运动风起云涌，严重影响社会稳定；另一方面，实行计划经济的国家，由于社会成员的努力程度与其收入脱钩，导致大家"认认真真磨洋工"，经济效率低下，社会处于贫困状态。在这一背景下，东西方各国不得不做出政策调整，一场"剧烈的变革"和一场"静悄悄的革命"同时展开。以中国、苏联为代表的传统计划经济国家大张旗鼓搞改革，其核心是强调市场机制的作用，以"牺牲公平换效率"，追求经济发展的效率。而以美国为代表的西方发达国家，开始强调政府对经济的宏观干预，强调社会保障体系，其核心是"牺牲效率换公平"。事实上，在实际经济运行中，既没有纯粹的计划经济，也没有纯粹的市场经济，都属于混合经济。

但是，争论并没有完全停息，随着大数据、计算机水平的不断提高，特别是人工智能出现以后，老话重提，不只是话题换了一种形式：人工智能有助于实现计划经济吗？争论者也换了角色，企业家取代了经济学家，首先是互联网企业家。

大型互联网企业发现，在日常经营中，计划的作用越来越重要。

消费者在网上下订单，产地在千里之外，但货物却在第二天就能送到家。如此效率不是因为交通工具的进步，而是货物根本不必从产地运过来，消费者所在地或者附近的仓库里就有。企业建立了数据库，当消费者在网上点击商品时，会留下痕迹。点击某个商品多少次、点击几个品种、什么品牌、什么价位，如此等等，依托这些数据，再参照历史数据中的成交概率，机器就可以得出消费者购买商品的可能性。把一天里所有客户的点击痕迹加在一起，最后出现一个概率，按照这个概率把货物配送至某个地方的仓库，只要每天数据相对稳定，就可以保证每天会有多少货物发送，不用准备太多。

这种现象在近年兴起的"双十一网络购物节"里表现最为典型。商家提前一周把商品照片挂出来，但告知消费者，要想得到优惠价格，必须到 11 月 11 日那天付款购买，对价格敏感的消费者大多会遵命而行。其实挂出照片进行预售时，商家还没有生产，而是根据后面几天不断增加的订单，做大致估算，然后再组织生产。这样的好处在于精准生产、精准发货，没有仓储，没有尾货，相应的成本和浪费都被消除了。这意味着，最后投入生产的订单不是由市场销售决定的事后控制，而是根据购买情况，事先计划的。互联网企业谈计划，就是这个意义上的计划。

问题恰恰出在此计划非彼计划，个别企业微观场合的计划同国家宏观层面的计划不是同一个概念。企业眼里的计划是一家一户、一个企业的计划，哪怕企业像阿里巴巴、京东这样的大型电商，也只是一个企业。即便其平台上所有小企业都有了自己的计划，仍然只是市场主体的微观计划。整个社会因此有计划了吗？

没有。

计划经济体制下，一年要生产多少棉花，是政府决定的；这些棉花要织成多少布，是政府决定的；这些布用来做衣服，外套多少，裤子多少，衬衣多少，棉毛衫多少，男的多少，女的多少，小孩多少，配几个纽扣，都是政府决定的。中央政府把计划单子下到各个省市，省市下到相应企业，然后生产出来，供应社会。覆盖全社会的计划才叫"计划经济"，而绝不只是某家企业在那里计划。计划经济体制下，企业没有计划，企业的计划就是政府下发的订单。在这样的状态下，不存在发现价格的机制，价格是人为规定的，谁也不知道是否合理。

这和今天大数据下，一家企业制定自己的生产计划，不是一回事。即便每一家企业都制定了很好的计划，但放在全社会层面上，仍然没有计划。"光棍节"一天交易的计划性连商家自己都无法复制到余下的 364 天，何论其他？更不知道"光棍节"一天刺激消费而造成的浪费又有多少？恐怕与市场本身的事后调节并无多大区别。

所以，人工智能即便可以让每一家企业对自己的产品有计划，却没有办法对整个社会有计划。哪怕每个人都是算法，最后全社会充其量只是无数个体算法的加和，每一种算法背后仍然是市场经济中一个独立的个体，最后获得的仍是无数独立个体相互对冲的决策结果。只要机器没有取代个人，计划经济不会因为微观层次计划性加强而在宏观层次上全面回归。

十一、有了机器智能，人类经济生活中的集体性智慧会被颠覆吗？

凡是群体生存的动物都有集体智慧，一只蚂蚁没有多少智慧，但一群蚂蚁具有很大智慧。

蚁群里有不同品种，其中最重要的是蚁后——一个大雌蚂蚁。工蚁、兵蚁、雄蚁都很小，唯有蚁后长得很大。这个蚁后什么都不干，整天吃喝，不停产卵，孵化后成为小蚂蚁。小蚂蚁分兵蚁、工蚁和雄蚁。蚁后产什么样的卵，就抚育出什么样的蚂蚁，但蚁后只是生育机器，不能决定产什么卵。决定蚁后产什么卵的是工蚁，指令是工蚁喂食蚁后时内含的特定化学成分。比如有入侵者闯进来，兵蚁在抵抗中死伤惨重，急需招募，工蚁就会让蚁后多产一点兵蚁的卵，孵化后重建部队。蚁后接收到化学信息后，产出的都是兵蚁卵。如果现在工蚁很辛苦，秋天需要采集大量食物准备过冬，它们给蚁后喂的食物里面会有另外一种成分，蚁后就产出工蚁卵。

蚁后产卵需要工蚁的指令，这还好理解，但一窝蚂蚁中那么多的工蚁，如何决定给蚁后喂食时添加什么化学成分？如果有的工蚁给蚁后喂食产工蚁卵的成分，有的喂食产兵蚁卵的成分，最后产下的卵是工蚁、兵蚁，还是工兵蚁？

按照人类思维习惯，肯定还会问，工蚁怎么知道该给蚁后喂什么食物？该向蚁后发送什么化学信息？谁来组织工蚁？

如此代蚂蚁思考，很可能掉进方法论陷阱。小小蚂蚁活得那么好，生存了上亿年，没有任何灭绝的迹象，肯定有成功之道。这个成功之道未必体现于蚂蚁个体的智能和意识，更可能体现在这些群居动物的集体生存方式之中，也就是不用脑子的行动智慧。

在集体智慧的视野中观察市场，不难发现，仅就资源有效配置而言，市场上任何一个人的决策对价格决定都没有意义，只有所有个人的决策合在一起，相互对冲之后获得的结果，才是有意义的。这种以个人智能为基础，但又不依赖个人智能的价格决定过程，就是人类集体性智慧与蚂蚁等社会性动物的群体智慧既有相同之处、又有不同之处的特征所在。

如果站在更高的道德层次上讨论集体智慧问题，还可以看到，活跃在市场包括股市上的个人，无论其初心是否顾及社会效益，最后其行为能否带来社会效益或者带来多大社会效益，并不取决于个人是否想到对公共福祉有所贡献，个人只要在市场中按照规则采取行动，自然就可以有贡献于公共福祉。市场经济作为"看不见的手"，就是以这种方式让无数谋求私利的个体行为，最后带来公共福祉的增加。亚当·斯密生前首先是作为《道德情操论》，而非《国富论》的作者广为人知，道理或许就在于让个人实现财富增长，易，让个人追求财富的动机和行为带来公共福祉增长，难，让两者同时得到增长，难上加难。正是在这层意义上，市场堪称人类最高集体智慧之一。

现在有了人工智能，算法取代所有市场主体的决策，当个体智能被驱逐之后，市场还存在吗？市场发现价格的职能还需要吗？市场作为化无数个人追求私利为公共福祉的道德机制还存在吗？市场作为人类集体性智慧会被人工智能完全颠覆吗？

人工智能尚在发展中，可以讨论的空间很大，可以改进的空间更大，尽可把想象先放飞了。

第七章
人工智能与机器人如何结伴而行?

人工智能与通常所说的"机器人"即自动化的机械，既相联系，又相区别，类似于大脑和躯体的关系。人工智能偏重于模仿人脑，同思考有关，而原来意义上的机器人则偏重于模仿人体，同动作有关。极端地说，没有动作，照样可以有人工智能。AlphaGo 只要知道棋子该投在哪个眼上，不用自己动手，一样可以赢棋。同样，没有智能，不会自我学习，自动化机械一样能做出一系列高难度动作，完成人类必须依靠大脑小脑联动才能完成的动作，比如绘画、弹琴。在人类科技史上，早期的人工智能和机器人既相对独立，也经常不分彼此。

让双方联系起来的是人工智能和机器人在当代都达到了前所未有的高度，在机器人能做许多人做不了的事情之后，人工智能也在不少领域中明显表现出胜过人类的迹象。终于到了"合则两利，分则俱损"的阶段，不跟机器人结合，人工智能的应用空间会受到极大限制，而没有人工智能的植入，通过学习，实现自我提升，机械无论如何算不得"人"。可以这么说，智能机器人是机器人发展的必然趋势。只

有具备学习能力、能自动适应环境变化的机器人才会让人工智能在
人类生活中得到更全面的应用。

一、机器人如何一路走来？

中文"机器人"是从英文 Robot 翻译过来的，而"Robot"一词最早
出现在 1920 年捷克作家卡佩克写的科幻小说——《罗萨姆的万能机
器人》。故事讲的是一个叫罗萨姆的公司开发了一批机器，可以帮人
做一些人类觉得枯燥乏味的事情，一经推出，大受市场欢迎。这种机
器人名叫 Robota，在捷克语里，有"苦力、奴隶"的意思。因为剧本影
响较大，后来在英文中就用 Robot 泛指机器人。传到中国后，因为中
文不是拼音文字，中国人不习惯音译，所以还是按照机器的特点，译
为"机器人"，意思是像人一样的机器，能自主行动，替代人类工作。

现代机器人概念内涵十分宽泛，新方法、新技术层出不穷，所以
至今没有一个得到世界各国共同认可的标准定义。目前联合国标准
化组织使用的是美国机器人协会的定义："一种可编程和多功能的操
作机；或是为了执行不同任务而具有可用电脑改变和可编程动作的
专门系统。"这个定义告诉我们，机器人首先是机器，像不像人，还在
其次，能替人工作，给人带来便利，才是关键。

机器人一词的出现不过百年，但人类从农业文明时代就开始了
对机器人的探索。西周时期，中国的能工巧匠偃师研制出了能歌善
舞的伶人，这是中国最早记载的机器人。相传鲁班曾经做了一只木
鸟，会飞，"三日不落"，不知道使用了什么动力和能源，现代人还造不
出这样的飞翔机器。记里鼓车、铜壶滴漏、木牛流马，等等，隔着上千

年，传递着古人想让机械也具有智能的遐想和努力，遗憾的是其中很多技术即便在科技高度发达的今天也无法如实再现。有关古代自动机械的记载到底有没有实物，是否夸张，还存在争议，甚至有学者认为这些根本就称不上是机器人。

得到世界公认的早期机器人应该算18世纪瑞士钟表匠皮埃尔·雅奎特-德罗兹和他的两个儿子制造的三个惟妙惟肖的机器自动玩偶，分别是"写字机器人""绘画机器人"和"演奏机器人"。玩偶没有采用马达，而是像钟表一样，靠一系列的齿轮啮合，用发条为动力，一开动，就会自动做出动作。更奇妙的是，只要替换不同大小或齿数的齿轮，玩偶就能写出不同的字。外形像人，能做人的动作，还有文化作品，所以机器确实有点"人模人样"。这三台国宝级机器人如今保存在瑞士纳切特尔市艺术和历史博物馆内。

古代机器人的发展极为缓慢。到了近代，随着工业化进展、科学技术进步和机器制造业的发展，劳动分工精细化促成了类似流水线那样把生产过程拆分为一连串环节的思路和做法，转而进一步刺激和发展了机械自动化。20世纪40年代，机器人时代降临了。那时，机器人的主要应用领域是传统的机械工业，在那里机床是基本的加工设备。随着计算机技术的发展，在50年代诞生了数控机床。数控机床通过计算机的控制，在实现加工过程自动化的同时，还带来了加工的高柔性、高精度、高效率和高一致性等好处。80年代以后，随着计算机处理能力的持续快速提高，数控机床的智能程度也在飞速发展。机床的加工过程与自身状态可以实时监控，而且通过编程，机床可以根据待加工零件的设计信息，自动生成加工工艺程序，并依照所生成的程序自动完成加工过程，数控机床可以在远比原来少得多的人工干预下完成复杂而且精密的加工过程。

90 年代以后，传感技术不断发展，给机器人安装传感器的做法越来越普遍。能够感知外部环境的信息，自行调整动作，具备自动作业、抓取、实时反馈等"感知智能"，逐渐成为机器人的标配。由此发展出形形色色的工业机器人。2005 年，人类第一次实现了无人驾驶车的梦想，这是具有里程碑意义的事件。当下，机器人正向着"能理解、会思考，快反应"，同时具备感知、交互、学习和决策等多方面能力的方向发展。机器人离拥有人为之骄傲的"认知智能"已经不远。纵观近代机器人发展史，可以明显看出一个趋势，那就是从"机器"向"人"的过渡，其首要标志不是外形越来越像人，而是开始越来越多的拥有人类的智慧。进而开启了机器人与人的融合时代。让人类与辅助体能与辅助智能的工具融合在一起，综合延伸人类的体能与智能，这一发展及其成果已对人类社会产生深刻影响，大有打破现有格局、颠覆人类生产生活方式之势。

2017 年底，美国波士顿动力学公司发布了一个视频。视频中机械狗有了智能，在打不开门的时候，会向小伙伴求助，带有机械臂的机械狗闻讯赶来，拧动把手，打开大门，双双出逃。震撼之余，有人调侃："再也没有谁能够阻挡机器人。"

二、体力劳动和脑力劳动，哪个更容易模仿？

机器人从概念提出之日起，就被寄予厚望。作为工具性目的，人类希望机器人能代替人做那些人不愿意做或者做起来有危险的工作，而作为价值性目的，人类希望借机器人实现自己从被造到创造的转变。这双重目的驱动着人类在发明机器人的道路上一路前行。

"君子生非异也，善假于物也。"人类在自然界绝对是先天能力最弱的物种，跑不快，飞不起来，游不远，力气也不够大。人唯一胜过其他动物的地方就是手比较巧，脑子比较活。中国人评价一个人时，总会用到一个形容词：心灵手巧。

正是靠着心灵手巧，人类想出许多办法，造出种种工具，逐步弥补了人类弱于许多动物的短板。借助滚动行驶的车辆，人解除了走路的疲劳和负重的艰辛；借助船只，人可以远航大海；借助飞机，人没有翅膀照样翱翔天空；借助滑轮和杠杆，人的力气倍增，如此等等。一部人类文明史就是一部人类不断发明工具和机器来卸下人的负担的历史，也是人类力图发明一个集人类所有优点的机器人，以超越自身造物主的历史。所以，随着机器人技术的蓬勃发展，人被机器整体取代的可能性开始浮现。与此同时，另一个更具有想象性乃至游戏性的问题进入人们的视野：人最可能被机器替代的是体力还是脑力？

在回答这个问题前，我们先看几个典型的例子。发达国家由于人力成本高，在工业生产装配线上逐渐使用工业机械臂代替人进行工作。在德国宝马汽车的生产线上，工人寥寥无几，密密麻麻、各式各样的机械臂在紧张地进行焊接、装配、喷涂等工作，运动速度快，运行精度高，承载能力强，连续工作 24 小时，也不会有"心理问题"。它们真像奴隶一样兢兢业业的重复工作，一辆又一辆宝马车在极短的时间内被组装好，送出车间。

美国波士顿动力学工程公司是当今世界上足式机器人动力学控制做得最好的公司。他们的每一个新产品都会"惊艳"世界。2005 年发布的四腿机器人大狗技惊四座，2016 年前发布的 Atlas 人形机器人更令人叹为观止。足式机器人行走在冰雪覆盖的崎岖道路上，平衡能力极好，不会摔倒，无论人类如何"虐待"，哪怕被踹、推而倒地，都能轻松站起来。在 2017 年发布的视频中，Atlas 轻松跳到台阶上，一个"后空翻"，潇洒落地，还举起双臂示意动作完成，令人莞尔。

在惊叹科学家创造力的同时，这些案例也似乎验证了大多数人的想法："体力简单，脑力复杂。"然而，事实真是这样吗？

在过去很长一段时间里，确实模仿人的思维比较少，而复制人体运动的比较多。工业化以来，人类发明的大量机器主要也是以替代人的体力为取向，而且那些自动化水平比较高的机器，可以通过机械装置来实现某种智能，不需要专门配上一个"大脑"，就能干得像模像样。反过来，要让机器做代替人思考的活，千难万难，最后就是做成了，也更像机器，不像智能。最初的手动计算机，谁会把它同智能联系在一起？还是更像一台机器，同算盘差不多，最多只是会做算盘做不了的数学题。

所以，尽管计算机问世后，取代人类脑力的机器大量涌现、层出不穷，普通人接触到的仍然是取代体力的机器要多于取代脑力的机器，于是才有了 AlphaGo 战胜世界围棋高手时人类的一片哗然，才有未来学家提出 2045 年"奇点"到来，人类智能会被人工智能超越的观点，并被认为"惊世骇俗"。

实际情况却是，到现在为止，很多 3 岁孩子都能做的动作如叠衣服、拧瓶盖、灵活运动等，机器人做起来仍然"笨手笨脚"。相反，某些人类"精英分子"才能从事的工作，如金融分析师、诊断医生等，却大有被人工智能取代之势。

在讨论体力还是脑力更容易模仿时，人们最容易犯错误的地方是，要么拿未被替代的脑力活动，同已被替代的体力活动作比较，然后说体力比脑力更容易被取代，要么反过来，然后说脑力比体力容易被取代。如此不在同一条起跑线上竞技，就像"田忌赛马"，永远不可能得出合理的结论。

其实，这个问题的真正价值不在于争辩出一个结论，而在于找出争辩的逻辑。无论被模仿成功的是脑力还是体力活动，背后都隐隐然存在某种规律，即无论体力劳动还是脑力劳动，凡是人类已经搞清楚的，机器都更容易模仿，对人类自己都没有搞清楚的，要想让机器来做，那是不可能的。"以其昏昏使人昭昭"，无论对于人还是机器或者人工智能，都是行不通的。

人类能做的事情未必就是人类已经弄清楚的，但只有人类弄清楚了，才能转移给机器来做。这里面的逻辑关系不能搞错，否则，讨论人类哪种活动最可能先被机器取代的问题将成为一种误导，可以用于诡辩，但不会有建设性产出。

三、机器人为何难以拥有人类的"灵活性"？

人类在漫长的进化中形成了出色的运动能力，奔跑、跳跃、熟练使用工具等，而这些看似简单甚至不假思索的动作，却成为机器模仿迟迟无法摆脱的"梦魇"。对人类运动能力的模仿实际上就是从技术上"重现"人类骨骼、肌肉、关节、神经系统，模仿人各个关节在肌肉牵引下的运动，并通过系统控制使机器人具备与人类同样的"运动灵活性"。

手是人类与环境交互的最重要环节，也是使人类具有高度智慧的重要器官之一。在 400 万年的进化史中，人手逐渐演变成了大自然所能创造的最完美工具。在极为有限的区域内密集分布着指深屈肌、拇长屈肌、指浅屈肌等几十块肌肉，整体布局分为浅、中、深三层，每层呈一定的网络状散开。得益于复杂的、高度耦合的肌肉系统，人手可以实现穿针引线、微雕等精细动作。

随着社会对机器人技术要求的不断提高，真正意义上的机械手的研究开发在过去四十多年里有了迅猛发展，范围遍及工业机器人、残疾人假肢，手术机器人等众多领域。尽管专门设计的机械手在其应用领域里，可以有超过人手的灵活度，但至今没有一只机械手可以在通用情况下，像人手一样灵活。

同样，人的发音看似简单，小孩子什么不懂，开口学说话，不久就学会了，多容易。但语言学家告诉我们，说话其实相当复杂，需要调动许多相关肌肉，光喉内肌就有外展肌、内缩肌、松弛肌、紧绷肌、喉门肌等，还有喉外肌。所有肌肉必须各自到位，并且达到高度协同，才能发出准确的声音。动物之所以学不会人类说话，不是因为肌肉问题，就是因为肌肉协同问题。

幼儿听到人声，会自发调动各块肌肉，并达到同成人发声几乎相同的音位，根本不需要父母教："发这个音，动这块肌肉，加上那块肌肉。"在孩子学会说话之前，想通过语言来教会孩子，本身就是一个词语矛盾。但无论如何，光凭听到的声音就能调动肌肉发出完全一样的声音，实在是一件无法想象的工程。

然而，人一旦长大，再学其他语言，需要重新建立肌肉群的协同，就十分困难，音位不准，难免带上母语口音。哪怕老师一遍又一遍教嘴唇做成什么形状，舌头放哪个位置，气流从哪里走，都没用。越是使劲想用理智的方法发出一个理想的声音，越是不成。到现在没有一个机器人能真正说出"肉声"，就是这个道理。

人类身体活动中越简单的，机器反而越难模仿，因为在人类漫长的进化过程中，超简单的动作具有不假思索的特点。也就是根本不在人类自觉意识的范围内。而人自己都搞不清楚的动作，怎么让机器来模仿？战场上确有"神枪手"，指哪儿打哪儿，根本不用瞄准，明显取消了从感知器官到运动肌肉之间大脑活动的"传导链"。如此便捷有效的身体动作，不仅机器难以取代，在未来机器和智能相结合的过程中，也是需要下大力气才能达成的。

而恰恰这些人完成起来不假思索的动作，成为现在机器人最难模仿的能力。不需要人类运用理性或者根本不经过大脑的许多行为，其实是难度最高的动作。因为难度高，如果老是需要理性来指挥，大脑容易发热"死机"，所以必须从生理上切断理性介入的途径以实现减负的目的，最好的办法是形成习惯，然后不假思索地完成之，这就叫下意识！

一个人突然遇到一拳打过来，会本能地躲闪，不用思考怎么躲，因为这是基本的条件反射，感知器官首先是眼睛，稍稍捕捉到有东西袭来，身体就会自动反应。在动物身上，很多动作是在漫长的进化过程中固化到躯体里面的，不需要大脑或神经系统作决策，躯体就能完成系列动作。这对于动物保护自身，获得更多生存机会，极为重要。作为基因，这一整套反应系统及其特质就被保留下来，经过若干千年甚至更长的时间，成为动物的本能。

汉斯·莫拉维克发现："要让电脑如成人般地下棋是相对容易

的,但是要让电脑有一岁小孩般的感知和行动能力却是相当困难甚至是不可能的。"基于此,他与布鲁克斯、马文·闵斯基在1980年提出了著名的莫拉维克悖论:"和传统假设不同,人类独有的高阶智慧能力只需要非常少的计算能力,例如推理,但是下意识的技能和直觉却需要极大的运算能力。"简而言之,就是对于人类很简单的事情对于机器人来说却很难,而对于人类很难的事情对于机器人却比较简单。机器可以有智能,但难以有意识,要有下意识更是难上加难。

正是机器与人类看上去的难易相反,给研制机器人的工程师提供了启示:不要一根筋老想机器替代人,为什么不去思考如何让机器人和人一起来完成任务呢? 现实生活中,有些工厂会安排人去做诸如安装软管等比较简单轻松的工作,而让机器人做搬运重物、焊接、切削等工作。因此,机器人研究也从之前提倡的"机器代人"过渡到当今的"人机共融",这是对机器人能力在认识上的进步。各尽其能,各得其所。中国人几千年前提出的解决人类不同群体关系的原则,将会适用于未来处理机器人和人类关系。

四、机械智能与机器智能,区别在哪里?

机器人与人工智能的关系不能简单理解为,只有植入人工智能,机器人才会表现出智能的特征。人类完全可以利用物理或化学方法,使机械运动表现出一定的智能特性来。

中国古时候有一种容器,叫"欹器",又称歌器。器型奇特,设计巧妙。瓶底厚实,呈锥状,瓶口圆阔,薄而敞开,瓶腰上有双耳,可以穿绳悬挂。整个设计的关键在重心设置要恰到好处。因为底厚,重心较低，空瓶时向下垂直，可以盛水；一旦盛满，重心上移，便会倾覆，瓶中水随之倾泻一空。而清空之后，重心回到瓶底，瓶子重新垂直，可以再次盛水。如此往复，循环不已。

在古时候，欹器用作计时的滴漏，水从上方匀速滴入，瓶子满了，自动清空，然后重新竖直，以此作为计时单位。一次往复就是一个计时单位，形同"一炷香"。因其巧妙，还引发古人对人生修养的感慨："满则溢，盈则亏。"一个瓶子能计时已属难得，还可以寄寓如此深邃的哲思，要说不具有一点"智能"，恐怕交代不过去。

然而，以动作为主的智能是机械智能，机械固然可以根据环境做出不同动作，但面对的仍是比较简单而且不变的环境。所以，机械具有智能只是表象，它缺乏人工智能意义上的"智能"。机械智能一旦设定，不会变通，不会根据情况变化而调整动作。欹器永远重复立正、倾覆两个基本动作，不会有任何改变。数千年之后的工业机器人能做的动作固然要复杂得多，但在不会变通上，则依然如故。

在自动化、机械化的流水线上，机器人做着繁杂的工作，动作灵巧、定位精准，让人有眼花缭乱之感。但所有动作都是"机械"的动作，不经过技术人员的调整，永远不会改变。所以，越是自动化水平高的机器，其精度要求也越高，因为相差毫厘，失之千里，加工出来的产品会有问题，甚至流水线都可能受到严重损伤。更严重的是，一旦出错，机械不会自动进行自我调整，只会一错再错。所以，要真正做到"自动化"，不能满足于机器自身的机械智能，还需要引入人工智能，在机械化、自动化的基础上，实现智能化。

智能化要求在面对不确定的环境时，能够做出适合于这个环境的动作。具有这种自动适应环境变化能力的机器，才可以称作"智能机器"。相比只会做规定动作的机械智能，智能机器人必定是思维和动作并重，具有相当于人的"左右大脑＋小脑"的功能，而且能够感知环境，根据环境的变化自主决策。一句话，智能机器人要融合人类的感知、认知和行为的能力，完成人类赋予的特定任务。

五、机器人双足行走难在何处？

波士顿动力学工程公司研制的足式机器人惊艳世界，极易让人产生错觉，以为机器人的运动能力已经不存在技术瓶颈。然而，事实远没有想象的那么乐观。美国国防高级研究计划局（Defense Advanced Research Projects Agency，DARPA）是美国国防部属下的一个行政机构，负责研发用于军事用途的高新科技。在人工智能研发史上具有划时代意义的达特茅斯会议、第一台无人驾驶车，以及波士顿动力学工程公司的足式机器人项目，都曾得到过 DARPA 的资助。

2011 年日本福岛地震导致核泄漏，给世界各国研发的机器人提供了难得的建功立业机会。让人意想不到的是，最后的结果却是足式机器人研究的泡沫瞬间爆裂。历经数十年研制出来的数万台救援机器人，没有一台能够真正替代人类进入核环境，去完成抢险救灾任务。

痛定思痛，2012 年起 DARPA 发起了机器人挑战大赛，简称DRC，希望以此推动新式机器人研发，实现用机器人来替代或辅助人类进行灾难救援的目标。决赛中，机器人需要循序完成八项任务：驾车通过公路抵达任务区、自主下车、打开房门、关闭阀门、借助工具在木墙上开洞、"意外任务"、通过坍塌物散落的地面、登上楼梯。

这项赛事成功吸引了世界上最优秀的人形机器人研究团队。所有参赛机器人造价都在 100 万美元以上，采用世界上最先进的传感器、驱动器等器件。然而，这些堪称全球机器人精英的足式机器人，甫一登场便洋相百出：还没跨出车门，便先卧倒在地的有之；起身走路，步履蹒跚，一个不稳，早已嘴啃泥的有之；让开个门，门把手没拧开，自己却已摔倒的有之；未等门开，先已跪倒门前的亦有之。仅仅一个保持身体平稳，就让精英机器人原形毕露。大自然仅仅在让人站起来这一点上，就给了人类太大恩惠，否则动物世界何以只有人能完全直立而且双脚交替行走？

人类要双足行走，必须保持身体平衡，这离不开小脑和内耳。内耳中有五个平衡感受器完美地各居其位，可以探测不同类型的运动。其中三个感受器用来感知头部转动，一个感知水平加速度，一个感知竖直加速度（即重力）。当判别出人体处于不稳定状态时，会调动全身一系列反射系统，帮助身体恢复平衡。如果小脑或内耳出了问题，人就会失去平衡，容易摔倒。反过来，要是不稳定信号的输入过于频繁，小脑或内耳不堪其扰，人也会头晕乃至晕倒。

足式机器人之所以能达到平衡，也参照了人类保持平衡的基本原理。机器人全身有一套复杂的感知系统，通过传感器，可以在运动当中实时感觉自身的状态，然后把收集到的信息，传递给中央控制器，交由核心的动力学模型和控制算法，即通过一系列的方程式，算出应该做出的动作，将指令送达各个关节的执行机构，控制机器人达到预期姿态。

Atlas 做后空翻,动作幅度更大,中心变化更迅速,必须随时检测平衡状态,将感知到的信息转化为数据,输入中央控制器进行运算,根据运算结果调整姿态,才能让机器人恢复平衡。要在短暂的空中停留时间内,完成复杂而且精微的调整,难度极高。目前,波士顿动力学工程公司在足式机器人运动控制领域一枝独秀,其他机构研制的机器人无法望其项背,而他们也尚未找到解决这一系列技术问题的关键。

无疑,这里的难点还是在学习。但这个学习不是从大量的观察中学,而是从自身的经验中学,也就是说要从失败中学习。这正是现在人工智能领域的研究热点:"强化自主学习"方法。这个方法注重于机器在不断尝试中"自我"学习,积累失败和成功的经验,从而完成复杂的任务。比如在新的 AlphaGo Zero 中,没有预置先验知识,它是靠自己学会的下围棋。这就是所谓的"starting tabula rasa"即"从一片空白开始学习"的思想,"一种纯强化学习方法是可行的,即使在最具挑战性的领域,它也能训练到超过人类的水平,并且无需人类的案例和指导。除了基本规则外,机器人不具有任何领域的基础知识。"伯克里大学的迈克尔·乔丹在网上发了一个机器人学步的小程序(https://sites.google.com/site/gaepapersupp/),几百行程序活生生地实现了一个机器人蹒跚学步的全过程。一个孩子数年的努力,在机器也就是执行几百步的循环。在这种学习过程中,机器学到的是策略,自主学习在各种环境下的行步策略。机器人行走的目标策略函数,说简单一点,就是用函数形式来表达的足式机器人的技术要求,比如不摔倒、后空翻等。强化自主学习的优势是能够从行走训练的不断试错中,自动概括出双足行走的要领,而不需要科技人员事先进行大量的机器人行走特征提取工作，因此大大减少了工作量，提高了研发效率，也提高了机器人的技术水准。

为了让足式机器人快速形成行走能力，需要为机器人搭建离线学习平台，通过虚拟的仿真环境，让足式机器人的传感器、动力学模型进行大量的行走或后空翻的试错—纠错，形成初步的行走能力。在此技术上，再让实体机器人进行在线训练，加快训练的速度，提高动作的精准度。

Atlas 无论双足行走、跳上台阶，还是后空翻，都不是一蹴而就的。人工智能的接入，让机器人有了边走边学，随时将学到的行走知识固化在模型参数中的能力。策略模型要有较强的泛化能力，让机器人即使碰上从未遇到过的现实场景，也能借助模型，计算出下一步需要采取的行动策略。

这意味着，Atlas 与其说是在后空翻的每一瞬间即时进行"随机应变"，毋宁说借助自主学习，具备了某种预见或者规划能力，能在失衡状态尚未发生之前，就准备好不使其发生的办法和措施。其实，人类高手在后空翻这种危险动作中，也主要靠的是训练形成的身体各部分默契式协同，而不是空中时时监控不断调整。

更有意思的地方在于，相比人每次后空翻时总有姿势变化和重心漂移，机器人以其不可比拟的稳定性，理论上可以保证每次使力一致、姿势一致、重心一致，进而达到效果一致。这就是说，后空翻这个人类高难度动作，在机器人那里，可能并没有人类所想象的那么高难。由此得出的一个方法论结论是：对于机器人和人工智能绝对不要从人类自身立场出发加以评判和推断。对于解决人类的难题，青出于蓝而胜于蓝在人工智能的实践中是常态。

六、除了运动，人工智能还能给机器人带来什么？

人工智能的接入给机器人的动作带来预见性或规划性，这是自动化机器无论如何做不到的。但要是认为人工智能的接入仅仅有益于机器人玩些高难度动作，显然又小看了人工智能，也小看了智能机器人动作背后复杂的支持系统。没有人工智能带给机器人的智能感知能力、思考能力和学习能力，机器人仍将是更接近机器，而不是人。

对于机器人来说，感知能力不是全新的内容，感知什么，如何感知，才涉及新内容。机器可以通过物理卡位、激光定位等多种方式，感知外部环境，执行操作要求，但明显缺乏现在智能机器人拥有的自然感觉，包括视觉、语音识别、触觉，还有小范围的味觉、嗅觉等。

智能机器人通过感知外部环境，为后续采取何种运动提供依据。一台视觉机器人会自己发现随意摆放的重物，搬起来，放到货架上。即便在搬运过程中受到干扰，比如重物被打落地下，机器人也会重新定位后，再次搬起来。在这个过程中，由于机器人有了智能，有能力调整工位，确保任务的完成。在这里，如果说完成任务是不变的，那么为完成任务所需要做出的动作，是可变的，机器人会根据对外部环境的感知和理解，做出相应动作。所谓"环境感知"就是各种传感器传来的相关数据，机器人会围绕任务即目标，来分析数据，自主决定上台阶还是爬起来。机器动作的产生不是根据事先的程序性指令，而是基于对任务的理解和环境的感知，所以具有很强的自主性和目的性。

目前，智能机器人使用较多的感知方式是视觉和听觉。计算机视觉技术已经相当成熟，不管是面部识别、手势识别还是从图像当中识别物体、场景等，机器人都做得很好。机器人获得环境图像信息，利用机器学习方法，比如卷积神经网络技术，对图片的像素进行特征提取，从而感知到外部的整体环境和细节特征。

目前机器人对外部环境的视觉感知已做得很好，但跟人相比，仍然存在不少问题。比如，面对一张普通图片，机器人辨认起来没有困难，但加入部分噪声数据后，识别正确率就会大打折扣。明明一张飞机的图片，加入部分噪声数据，就会被错认为"一只鸟"。而在同样的情况下，人类不可能出现同样失误。所以，和背景知识结合的视觉感知是相关技术发展的一个重要方向。斯坦福大学的李飞飞教授研究的"一瞥学习"（one-shot learning）就是一个很有意义的方向。人有背景知识，一瞥之下，就能理解，那是因为有联想记忆。把这个赋予机器人，其智能就可以如虎添翼。

在听觉即语音识别上，机器人也面临同样挑战，也需要赋予机器学习以背景知识。一方面机器人能够借助自然语言识别技术，听出人在说什么，另一方面也要根据语境，做出相应的理解和反应。有人利用 Siri 做实验，跟 Siri 说，想听《PPAP》（日本洗脑神曲）。Siri 给了一个链接。人说："想听你唱。"Siri 回答："不好意思，等等。"人不乐意了，说："我不买苹果，买三星了。"于是，Siri 就真的唱了一段。这件事要是真的，那么，Siri 不但已经完全可以通过听觉来理解人类的意思，而且还拥有了人类的经商智慧，知道为了维护商业利益而必须有所妥协的道理，其原理可能就是让机器知道苹果与三星存在竞争关系的"背景知识"。

一言以蔽之，智能机器必须具有在复杂、不确定环境下的决策与行动能力，为此不但需要感知能力，还需要有记忆、思考和抽象的能力。获得这样的能力，正是目前智能机器人研究的突破点。近年来，一位名叫索菲亚的机器人崭露头角。这个外表是女性的机器人曾在3 000名观众面前，和人类对话15分钟，探讨复杂的哲学问题，比如"生命的意义是什么"。本书作者之一的郭毅可教授曾在日内瓦同她有过交流。当问到索菲亚是否想有一个男朋友时，她回答说："我有更重要的事要做。"如此贤淑而且得体，难怪她已经在沙特阿拉伯正式获得国籍，成为第一位非人类公民。这样的回答足以体现出机器人已经具有一定程度的抽象能力。

哥伦比亚大学也设计了一个名为"亚当"的机器科学家。它可以独立完成科学过程，使用数据，形成假设，并在没有任何人工输入的情况下进行实验。在针对某个假设进行一千次实验之后，它有了自己的第一次科学发现。这个机器人的成就可不一般，它说明人类现在可以把归纳能力赋予机器人了。

AlphaGo取胜后，有人认为，人工智能的优势在于确定性领域。只要问题有解，机器人就可以比人先找到解，但要是面对非确定性问题时，就难说了。如此说法听起来相当有理，也相当耳熟。其实，每当人工智能取得重大进展，公众甚至专家几乎都表达过类似观点，在肯定人工智能的优势的同时，拖一个尾巴，指出其在其他方面存在难以克服的弱点，但又几乎每一次都在不久之后被事实所证伪。事实上，人工智能在诸多不确定性问题上已有很多很好的方法。比如，以统计学为基础的机器学习从一开始就把非确定性作为研究的基本假设。机器人在感知和学习下，对环境作出针对目标的决策，并按照决策，完成行动。这已经是智能机器人的基本功能。

七、机器人是如何训练成功的？

智能机器人的智慧来自学习，学习的方法很多。如前面所述，有一种用于机器人学习的经典算法叫"强化自主学习"。其基本思路是，从经验中学习：让机器做某件事，对外部环境产生影响，经过人或机器判断，认为是好的，就给一个正奖励，如果不好，给一个负奖励。通过像训练动物或人那样的"刺激—强化"过程，来固化机器人对行为结果的认识，进而改变其认知和思考，得出合理的策略，以此引导一系列行为，最后完成任务。

比如，在机器人学习上台阶时，科技人员可以确定一个参数，如果机器人成功走上台阶，没摔倒，就给这个参数以正奖励；如果摔倒了，就给一个负奖励。在机器复杂动作训练中，一个参数是不够的，需要很多参数，每个参数对机器人正确的行为都可以产生奖励效果。

在设定参数的同时，还需要考虑一个重要问题，即奖励的计算标准、尺度和时点。比如，有时无法对机器人每一步动作都给予即时奖励，必须到多个步骤之后才能兑现，那么机器人知道奖励的到底是哪一步吗？至少在训练动物时，步骤或时间间隔太多的话，动物是闹不明白的。

比如，AlphaGo下围棋，下得对还是不对，要看最后有没有赢下这盘棋，才能确定，离开结局，无法判定某步棋是不是好棋，也就无法当下决定是否给予奖励。问题是，一步如此，步步如此，直到结果揭晓才奖励，AlphaGo还能意识到，最后的奖励原来因为开局第一步下得好？强化学习中奖励时间的确定和奖励值的计算是一个很有意思的技术难题。要通过对未来结果的估计来计算这样的奖励值的函数往往很复杂。如此复杂的函数常用一个深度神经元网络来近似，而这种应用深度学习的强化自主学习算法，常被称为"深度强化学习"。

目前，许多领域中的智能机器人，比如无人驾驶车、无人机，复杂的行为策略几乎都是基于深度强化学习模式训练出来的。

比如，训练无人驾驶大致是这样的。汽车在行驶中可能碰到两边路沿，如果在规定的路面范围内行使，给一个正奖励；如果触线或者走到线外了，就给一个负奖励。训练参数主要涉及方向盘、速度、油门和刹车。事先做好设定，在什么样的环境中，对应参数应该是多少。这样，无人驾驶车就可以通过深度强化学习，掌握驾驶技巧。经过训练，掌握了相关要求，能自主处理各种情况后，这个模型就可以放到实际交通系统中，进行再次学习，相当于"实习"，积累足够经验，通过"驾考"之后，就可以正式上路了。

八、智能狗和狗智能也是平行关系吗？

对于许多人的动作，机器人根本没法模仿，也没有必要模仿，就像在人类思维范围内，人工智能不会也不用完全模仿人类所有的思维方式，充其量只是逼近，用的还是平行方式。人工智能模拟人类永远只是人类在定位由人发明的智能时的权宜用语，在第一章，我们已表明态度，更愿意使用"机器智能"的说法，原因就在这里。

其实，纯粹从机械技术上，机器人要完全模仿任何动物都不是一件容易的事，甚至根本做不到。人造得出一台同猎豹一模一样的机器？不可能，大自然经过多少万年通过特殊进化而成就的杰作，哪里是人类简单就能模仿出来的？

人力之外，还有天道！

反过来说，人类的聪明之处在于某种绝对的实用主义观点：只要能解决现实问题，人类并不太在意采用什么样的方式。人类制造不出一台像猎豹那样效率极高的跑步机器，没什么关系，人类只要能够造出汽车，就可以远远跑得比猎豹快。

同样道理，人类不可能造出同人一样的机器，让机器做出同人一样的动作，但人可以针对自己的需要，让机器人采用最适合机器的动作，用不一样的方式来完成同样的任务，舍近求远，一味追求动作本身的绝对仿真，在实用性上，没有价值。因此，所谓"体力还是脑力更容易被替代"完全是一个伪命题，人类不会钻牛角尖。

对高仿真的追求，在更大程度上只是人类的一种智力游戏或智慧的自我验证，"欲与天公试比高"而已。所以，与其视为工程学上的需要，毋宁说是试图超越自身"造物主"的价值论追求！

为了更清晰地说明人工智能与人类智能的平行关系，避免轻易掉入将两者作简单对比的思维陷阱，这里再用智能狗和狗智能来做一个比对。

在波士顿动力学工程公司的智能机器"大狗"出名，尤其是后续更有智能的几条小狗出现之后，网络上又出现了一条真狗的视频，其造成的震撼，相比大狗有过之而无不及。

这条狗老看主人打台球，无师自通，能用爪子，将桌球按规则一个个打进洞去，几乎百发百中。于是，又引发出人工智能爱好者的一场争论：智能狗表现出来的智能和狗表现出来智能有什么区别和高低？

如果这段视频是真实的，那么很显然，智能狗在模仿狗，狗智能在模仿人。智能狗的厉害是模仿的厉害、程序的厉害，而狗智能是真的厉害，是那条狗与众不同的大脑厉害。这个"众"指的还不只是狗，甚至包括绝大多数人在内的所有动物。

智能狗是人赋予机器的智能厉害，同狗本身没有关系。狗智能是狗自己就有智能，同人没有关系。要不是这条狗天赋异禀，人就是想通过训练，让狗具有这样的能力，也没有成功的机会，否则肯定有不少狗主人早带着狗狗上"达人秀"了。

智能狗表现出来的智能只需要灵巧的机械加上人工智能，能通过感知、思考和学习来判断自己如何执行预定任务。而狗要把球打进洞里，需要有规划能力，知道并掌控好击球的触点和力度。在这个过程中，狗所表现出来的诸如计算角度、掌握力度等高超智能，从某种意义上看，甚至高于普通人，其动作输出是由逻辑思维和形象思维共同决定的，体现出预见、规划、计算和动作的能力。

打台球的狗，其智能足以处理台面上球与球构成的不确定环境，而机器狗虽然也能处理某些不确定性场合，但对过于复杂的不确定性环境，就处理不好了。

狗看见主人打台球，自然而然就理解了，击球、碰撞、把球打进洞里，一气呵成。对机械狗来说，接受了人给它的走路下台阶的算法程序，就只知道走路下台阶，让它站在一边看打台球，无论多久，都不会产生打球的愿望，也不知道如何把球推进洞去。不过，如果智能狗会进行强化学习，给一个摄像头可以感知人在干什么，然后为它设计一个目标函数，不管人类干什么，看见就学，不定也会自行设计击球路线，按规则把球打入洞里。不久前，在 CES 举办的计算机电子展上，一个名为 Forpheus 的机器人玩乒乓球游戏。它就可以通过分析对手的肢体语言，来确定他们是否有经验。如果意识到对手能力不够强，它会提供鼓励和建议。这说明再做一个看得懂人打球的狗是完全可以实现的。

智能狗与狗智能哪个更胜一筹，看似不过人工智能与人类智能哪个更胜一筹的低阶版本，其实不是一回事。说到底，狗智能是狗自身的智能，而智能狗只是披着狗的外衣的人工智能，即人类智能的投射，未必就是对狗的智能的模拟。"子非鱼，焉知鱼之乐?"人连自己的智能都没有搞清楚，遑论整明白狗智能? 说起来人总体上比狗聪明，但人类智能是否在所有方面都胜过狗，尤其是这条天才狗，那真不一定，回答有很大可能是否定的。

尽管真假两条狗都具有模仿人的智能的共同之处，但在智能狗那里，是用人的智能来模拟人，而在狗那里，是狗以自己的智能在模仿人。所以，智能狗本质上是人类智能的平行智能，同狗的智能没有多大关系。如果哪天有只狗成精了，也发明出以狗为模拟对象的"狗工智能"，用它做出来的智能狗，才可以说和狗智能存在平行关系。

第八章
机器人之间也有伦理关系？

2018 年除夕夜，央视春晚珠海分会场上，300 架装有 LED 灯的无人机如五彩萤火虫，错落起飞，先在空中集合成方阵，旋即变幻成一只"海豚"，于伶仃洋海面上画出一道弧线后，欢跃在港珠澳大桥上空。同时，在三亚新丝绸之路分会场上，节目表演以无人机编队开场，展翅高飞的"海鸥"身上绽放出灿烂夺目的烟花，惊艳了整个夜空。

春晚无人机编队的精彩表演，理所当然地吸引了国人的关注。无人机编队有何奥妙，成为一时热议。人工智能专家实事求是，告诉大家，这样的编队飞行仍属于人为编程控制，并非自主协作编队。也就是说，靠的还是人的指挥，只不过既没有驾驶员，也不需要遥控，给无人机设计好程序，每架飞机按部就班，完成各自任务，表演就成功了。

毫无疑问，这次编队表演是成功的，每架飞机都用到了人工智能，但基本上还是单体层面的智能，而不是群体层面的智能，是 1 + 1 = 2，而不是 1 + 1 > 2。但由此提出的问题是，随着机器人个体能力越来越强大，不用人类编程的机器人编队行动一定会出现，那么智能机器人组成团队之后，也会有像人类团队一样的群体智能吗？在群体内，机器人也需要协调内部关系、处理个体与团队的关系吗？像人工智能模拟人类智能一样，机器人的群体智能也需要模拟自然界和人类社会中普遍存在的群体生活机制吗？机器人之间也会有伦理关系吗？对这些问题的解答是今天人工智能研究中的一个前沿课题。最近，科学家在瑞士实验室进行了一项实验，要求机器人群体搜索光盘并将其推入指定区域。成功的机器人被保留，失败者则将被丢弃。结果发现，机器人会分享它们获取的分数，帮助其他机器人生存。这种只为集体的最佳结果而舍弃自身利益的行为是人类群体伦理的高尚体现，被称为人性。难道，我们创造的智能体也可以自然地继承这样的人性吗？

一、智能只存在于个体身上吗？

迄今为止，人类是地球上智能最高的生物。人的智能直观地表现为个体的聪明才智，所以普通人很容易认为，智能是一种个体现象。其实不然。无论在人还是其他物种身上，除了个体智能，还有群体智能。

群体智能是群体成员通过相互之间的沟通、配合，而表现出来的超过成员个体智能水平之和的智能表现。

人类受惠于自己的群体智能，但对群体智能的自觉开发，还远远不够，尤其是在人工智能领域。

中国有句俗语"三个臭皮匠顶个诸葛亮"。就个体来说，臭皮匠个个不及诸葛亮，但合到一起，却胜过了足智多谋的诸葛亮。这是中国文化关于群体智能最简单而又生动的诠释。

低智商的整合可以大大超过单个的高智商，群体协同是放大个体能力包括体力和智力的社会机制。

当然，集体力量大于个体，不是绝对的、无条件的，没有内在协同，集体会比个体表现更差。中国还有一句非常通俗的话，同样是诠释群体智能的，不过方向正好相反，那就是"不怕神一样的对手，只怕猪一样的队友"。

从乌合之众到群体智慧，虽然只有一步之遥，但时常遥不可及。

在一些重大国际比赛后，时常会举行全明星赛，让冠军队同由最佳选手组成的明星队对垒。就个人能力来说，在各个位置上，冠军队队员几乎都不如明星队队员，但最后胜出的几乎都是冠军队。原因很简单，冠军队队员相互之间有良好的配合，而明星们更乐意向世界展现个人能力，对配合别人或在别人配合下进球，不感兴趣。当一支技巧高超但缺乏配合的队伍遇到一支整体协同、有序推进的队伍时，会有什么结果，是没有任何悬念的。在一对一场合，个人能力更重要，而在多对多场合，人与人的配合更重要。

群体智能与个体智能的关系，大抵如此。

二、世界上有哪些群体智能形态？

人有智能，但自然界中并非只有人类有智能，地球外说不定也存在着智能更高的生命体。对人工智能研究来说，弄清楚三个具有代表性的群体智能类型，就可以明白群体伦理对机器人编队的必要性和重要性。

1. 低智生物

白蚁巢是非洲原野的奇迹。荒漠上兀立的巨型白蚁巢直径可达3米、高10米。小小白蚁身长不过1厘米左右，除了"大腹便便"的蚁后，要是按照普通人160厘米的身高等比例放大，白蚁巢相当于人类搭建高达1 600米的摩天楼，要比当下世界上的最高建筑——迪拜的哈利法塔高出约1倍。白蚁巢堪称伟大的工程。

蜜蜂也会筑巢，但蜂巢的优胜之处不在大，而在其结构的优美和高效。蜂巢内部是一格格的单间，每格都呈现为标准的六边形。在几何结构形态中，六边形属于最优多边形，不但节省材料，还能提供最大容积。而且，所有蜂巢底面菱形的张角都是109度28分，极其精准。蜂巢堪称科学的工程。

作为个体，蚂蚁或蜜蜂的智能水平相当有限，蚂蚁不懂建筑规划，蜜蜂不会几何计算，但作为群体，却可以完成如此了不起的工作，表现出远远超过个体智能叠加的水平。

单只蚂蚁很难发现食物与蚁巢之间的最短距离，但蚂蚁群体却能轻易找到，并且引导大部队"走捷径"。单只大雁根本不可能飞越大洋，但大雁群却能每年两次，往返飞越大洋，安然抵达目的地。

在这里，起决定性作用的不是个体智能，而是群体智能。那些更高级的社会性物种，如狼、狮、猴乃至大猩猩，虽然个体智能水平比蚂蚁或蜜蜂高许多，但最后群体成就的"事业"及其体现的智能水平，远没有蚂蚁或蜜蜂那般令人惊叹。在某种意义上，所谓"低智生物"的称呼，强调的与其说是个体智能的低下，还不如说是这些物种的个体智能与群体智能之间的巨大反差。

2. 人类社会

人类是地球上所有已知物种中，个体智能水平最高的物种。大脑是人类智能的载体，由约 1 000 亿个神经元组成。它们通过相互之间的配合，实现复杂的认知、行为控制和心理功能。

人类表现出极高的群体智能，人类灿烂的文明就是在长期群体化、社会化生活中，通过个人或群体间的配合而创造出来的。罗马不是一天建成的，长城也不是一个人垒起来的。

作为高智能生物，人类的特点是个体智能水平高，群体智能水平也高，但群体智能并非个体智能的简单叠加，既存在 1＋1＞2，也存在 1＋1＜0，因为个体智能过于强大而导致群体智能低下，也是人类生活经验的一部分，热衷于"窝里斗"，群体肯定毫无战斗力。

3. 多智能体

讲得通俗些，多智能体就是由多个机器人结合而成的系统，即智能无人系统。机器人具有个体智能，这个目标已经实现，但多个智能机器人集合起来，能否具有群体智能，到目前为止还存在不少理论和实践上的问题。随着智能无人系统得到日益广泛的运用，机器人的群体智能也将得到大力开发，1＋1＞2 的系统论原理也将在智能无人系统中得到充分体现。

三、为什么要让机器人具有群体智能？

机器人必须具有群体智能，这不是一个理论问题，而是一个现实课题。

智能机器人形成团队行动，这是必然趋势，但群体行动并不一定需要智能机器人具有群体智能。以上述无人机表演为例，可以有两种模式：一是编队，二是蜂群，两者对群体智能的要求是不一样的。

编队相对简单，系统中所有个体都拿到指令，明确要求机器人如何执行。也就是说，在整个系统中存在一个指挥，给所有个体发布命令，机器人只管执行，不用考虑太多，无须也不许根据实际情况而"擅自行动"。编队模式本质上与有人操纵的遥控模式相近，只是用程序代替了即时指令。央视春晚安排的无人机飞行表演，采用的就是编队模式。

在这种模式下，智能无人系统即便表现出一定的群体智能，那也是指挥员智能的群体化，而不是系统成员通过主动合作而表现出来的群体智能，所以算不得真正意义上的群体智能。

2018 年 5 月 1 日晚，西安市一次动用 1 374 架无人机，在南城门进行飞行表演。参加表演的无人机数量之多，创下无人机表演的吉尼斯世界纪录。伴随着动感的音乐，无人机分批起飞，到达预定位置后开始表演。开始阶段，1 374 架无人机组成各种图案，宛如人类的团体操，引得在场观众喝彩连连。到了表演后半场，风云突变，无人机编队陷入混乱状态，右侧编队正常，显示的图案严整清晰，左侧的却发生编队错误，完全看不出任何图案，表演失败，演出不得不提前结束。在回收阶段，空中的无人机又接二连三坠落，让现场观众惊愕不已。

如果所有无人机都得到指令，分别在什么时间到达什么地点，那么出差错的概率就不会很大，即便有几架无人机发生故障，其他无人机也会准时到达自己的位置，最后效果充其量只是图案出现断线，而不会发生左侧图案完全错乱的情况。从技术上看，问题可能出在编队的协同上。如果无人机被设定为"相互紧盯"模式，即每架无人机都有自己的参照对象，与之保持多少距离、处于什么位置，那么即使出现位置差错，至少图案还在。但实际出现的却是无人机相互之间完全失去关联，集体错乱，找不到方向，成为一堆乱码。问题根源很可能就在编队飞行的协同能力上。

所谓"蜂群模式"明显是对低智生物的群体智能的模仿。蜂群模式要求团队成员在独立判断的基础上，主动配合，共同完成任务。这种模式主要适用于态势复杂、形势多变的场合，没有人能事先知道局面会发生什么变化，不可能事先写下"锦囊妙计"，机器人必须临场应变，还要相互呼应，这是蜂群模式的核心特点。

在蜂群模式下，指挥员也是存在的，其作用主要体现在任务设定、力量配置和策略选择等方面。临场发挥完全交给能够自主感知、识别、分析、决策和执行的机器人。相互协同是智能无人系统表现出群体智能的关键一环。

为了研发智能无人系统，专家们曾做过实验，让两个无人艇编队进行攻防演习。在演习海域设置一个目标点，周围有两群无人艇，白方无人艇的任务是夺取基地，红方无人艇则必须保护基地。红白双方各有五艘无人艇。现在有一艘白方的无人艇正高速接近基地，准备给红方致命一击。红方无人艇发现后，以最快的速度驶来，试图拦截并驱除之。如果一艘无人艇无法拦截，就会有两艘乃至更多的无人艇去拦截。一旦拦截任务完成，红方无人艇便会转而关心白方另外四艘无人艇的情况。如果离基地尚远,保持警惕就可以了,如果存在威胁,即便不是第一大威胁,也会向己方其他成员示警。这就是说,无人艇自己会独立判断当前态势,根据情况,做出决策,相互之间也会共享信息、分配任务、协调行动,共同进行拦截或监视其他潜在攻击者。

最后哪一方能够取得胜利,显然不仅仅取决于单艘无人艇的智能水平。尽管单体能否根据战场情况,及时采取适当策略,十分重要,但胜利更取决于无人艇之间的合作。由于现场态势随时会发生变化,所以无人艇必须同时表现出足够的个体智能和群体智能,后者就是科学家追求的"多对多的群体智能"关系的重点。

从专业的角度来说,智能无人艇如果具有群体智能,就会表现出一系列明显优势。一是较少的感知局限。成员越多,总的感知范围越大、感知能力越强。在信息共享的情况下,感知效果呈指数级提升。二是较大的作业范围。它们在彼此照应下,作业可以覆盖更大范围。三是形成相互配合之后,有较强的能力来完成指派的任务,即所谓 $1+1>2$。

在世界范围,美国的无人艇技术,尤其在群体作战方面,占据领先地位,引领着无人艇的发展。目前美国拥有七大突出技术,其中之一就是蜂群作战。

2014 年,美军进行了无人艇蜂群演练,5 艘自主艇、8 艘遥控艇,共计 13 艘无人艇参与蜂群作战。演习中 13 艘无人艇专注于应对第一大威胁目标,形成了有效的作战态势,但对第二大威胁目标,没有给以足够关注,暴露出无人艇团队在群体作战方面存在明显漏洞。

基于此，2016 年，美军又进行了一次蜂群演练，注意加强无人艇之间相互配合的蜂群意识。团队加强了对现场态势变化的实时感知，能够区分哪个是第一大威胁目标，哪个是第二大威胁目标，然后分配相应的注意力和兵力，重新形成对任务的认知和处置，最后成功完成了群体作战的任务。

群体是由个体组成的，但只有个体相互之间形成了关系，整体上有了结构，这样的个体集合才是真正意义上的群体。所以，既可以说有群体才有群体智能，也可以反过来说，只有表现出了群体智能，才能说群体真的存在。更进一步来说，群体智能的一个突出特点是"集体利益高于个人利益"，也就是说，群体中的每一个个体都以把集体利益的最大化作为自己的行为准则。学习这样的策略无疑是非常有挑战性的。

四、智能无人系统已具有群体智能了吗？

智能无人系统需要群体智能，这已经不是问题，成问题的是现有的人工智能能让机器人形成群体智能吗？

群体智能的目标是在不同的拓扑学结构中，通过相对简单、局部的规则，控制大量相互协作的自主智能体，使群体的集体目标得以实现。科技人员在为现有机器人构建群体智能系统时，往往会向低智生物寻找灵感。他们通常专注于整个群体大局的动态演进，而非单个智能体的动态变化，这属于自上而下的研究路径。相反，在人类社会中，集体智慧系由个体智能凝结而成，表现为自下而上的形成路径。迄今为止，在人工智能领域还没有通过设计智能个体行为来获得群体智能的案例。

群体智能的研究看来还是要从人和人的群体来考虑。然而，任何涉人的理论和发明都隐含着关于人的根本属性是什么的预判，这就是作为社会研究方法论工具的"人性假设"。比如有些学科或理论采取"理性人"的假设，认定人的本质属性是理性，只要把握住人的理性一面，就可以把握人、人的追求和追求的实现方式。这一点在经济学及其关联学科管理学中表现得尤为明显。

经济学家习惯于把人视为"理性人"，认为人就是一种寻求用最有效的手段来使自身利益最大化的动物。以利益最大化为行为目标，以有效为评判手段的标准，这两大要素囊括了理性人的基本属性，简单而明了。问题只在于，如此定义过于粗暴，不仅理论上难以立足，而且人性不会如此单纯，实际生活中也做不到。经济学理论已经证明，人类理性从来无法做到全知全能，也无法判断利益最大化的边界在哪里，更拿不出手段有效性的终极判断。

理性自身的不完美让经济学不得不走出"理性人"假设，"不完全理性"成为经济学人性假设的新版本。相应地，管理学的"人性假设"也在遭遇实践一次又一次的挑战后，不得不从服从"理性人"假设的"经济人"转向强调社交性的"社会人"，乃至强调"第二天性"的"文化人"。表现在理论流派上，分别是"X 理论""Y 理论"和"Z 理论"，呈现出逻辑上步步递进，理论上更趋合理，认知上更加靠谱，应用上更为可行的趋势。

现在，人类一则因为对自身智能认识有限、技术能力有限，二则因为对机器人本来就给予工具的定位，要求能完成人类指派的任务就行，所以自然在智能机器人身上采用了"理性人"的人性假设。这样做，尽管足以让单个机器人在代替人工作时表现出足够的有效性，但在需要群体智能的场合，难免会遭遇巨大困难。人工智能一旦进入群体智能层面，重蹈经济学在人性假设上的覆辙是大概率事件。

五、机器人也会遭遇"囚徒困境"？

经济学喜欢用思维实验的方式，来讲授经济学原理。有一个专门用来说明"理性人"特征的情境假设，叫"囚徒困境"。

假设有两个共谋的犯罪嫌疑人被警察逮捕了，分别关在两个房间里。为了让他们招供，警方给出了三个选项：

如果两人都保持沉默（即"合作"），则因为没有更多证据，各被判处 1 年刑期。

如果两人互相检举（即"互叛"），则都将被判处 8 年刑期。

如果只有其中一人认罪并作证指控对方（即"背叛"），而对方保持沉默，此人将当场获释，沉默者则被判处 10 年刑期。

请问，如果两个囚徒都是"理性人"，会做何选择？

对双方来说，最理想的是大家都选择"合作"，两个人都只坐一年牢，而"互叛"或被"背叛"，则坐牢的时间都多于两年。

对个人来说，最理想的情况是"背叛"，这样自己可以不坐牢，至于对方是否坐牢，不在考虑之列。

而无论对哪一方来说，最怕自己沉默，而对方背叛，则自己要坐10 年牢，对方却可以逍遥法外，想想都受不了。

左思右想下来，上策是"背叛"，中策是"合作"，下策是自己沉默，对方"背叛"。由于无法保证对方也会"合作",所以,"理性人"只能选择"背叛"。在现实生活中,类似情境下最可能出现的确实是"背叛",所谓不许"串供"就是为了防止囚徒走出"理性人"的困境。

这意味着,"理性人"在利益冲突或者不能确保利益一致的情况下,必定采取"自保"的策略,而不会主动合作。宁可舍弃对双方最有利的策略,也要避免自己遭受最大损失,如此理性怎么实现得了群体智能?

现在,人类完全按照"理性人"的人性假设,追求让机器人以最有效的方式,完成既定的目标,这本身没有太大问题,毕竟机器人只是工具。然而一旦需要机器人以集群方式运行,形成合力时,"理性"的机器人会"愿意"积极主动地相互合作吗?

六、伦理要求如何让群体走出"囚徒困境"?

谋求利益最大化是一切生物的第一本能,个体智能越强,谋求利益最大化的动力越强,手段越有效。面对兔子和羊,狼不会不舍兔而取羊。但自然规律已经表明,建立在个体智能基础上,又超越个体智能的群体智能,必然在进化过程中脱颖而出。这一点在人类身上体现得最为明显。相比其他哺乳类动物,人类最不具有身体优势,但最后却成为自然界的主宰,靠的首先不是个体能力,而是集体智能。按此逻辑,机器人从个体智能向群体智能的进展,也是必然趋势。

"囚徒困境"说明,"理性人"要想通过合作获得对双方,而不是只对一方来说的"利益最大化",就必须舍弃部分个体利益,以寻求群体利益，并争取在群体利益最大化的基础上，实现个体利益最大化。这就是说，个体追求自身利益的动力仍在，但不同于个体单打独斗时直接追求个体利益，现在个体的利益最大化必须经过群体利益的中介，个体只有在群体生存的环境下，才能实现自身利益最大化。

这里的关键不在于个体是否具有这样的认识，而在于是否存在这样的机制，促成个体与群体在利益最大化的道路上同向同行。这项机制在动物界被称为本能，属于自然安排，在人类社会中被称为伦理要求，不仅体现于道德信念，也体现于法律精神，还体现于公共政策，乃至于市场规则。"看不见的手"就是将个人谋求私利最大化的行为转变为公共福祉的机制。

现在的问题是，智能无人系统也需要类似安排，以便让机器人在模拟人类上做得更好？

为了解答这个问题，不妨到低智生物和人类社会中观察一番，学习学习。

七、低智生物如何实现伦理要求？

具有社会性的低智生物，其群体智能的实现方式通常比较简单。比如前面谈到，单只蚂蚁无法找到食物与巢穴之间的最短距离，但群体行动就能够自然形成最短路径。这看上去很神奇，其实背后的道理相当简单。

蚂蚁行走时，会释放一种含有信息素的激素。如果存在两条到达食物的路径，较短的路径 A 和较长的路径 B，蚂蚁完全服从随机过程,先后出发,随意选择路径。只要蚂蚁的数量足够多,行走的时间足够长,两条路径上蚂蚁留下的信息素肯定会出现差异。从路径 A 走的蚂蚁可以更快到达目的地,所以,通过路径 A 到达的蚂蚁就较多,一路上留下的激素也比较多,信息表达更加强烈,而从路径 B 过来的蚂蚁,时间比较长,单位密度比较低,激素浓度比较低,信息也比较弱。后续的蚂蚁只需要根据信息强弱,自然能找到较短的路径 A 把食物拖回来。蚂蚁虽然个体智能水平低下,其群体智能却不低,就是这个道理。在这个场合,群体智能不以个体智能的高低为前提,因为不用借助个体大脑,仅靠信息素就解决了问题。群体智能内含于群体自身的行为模式中。

美国休斯敦河暴发洪水,急速淹没了沿岸土地,红蚁面临灭顶之灾。临危不乱的红蚁可以在 100 秒之内,相互抱团,呈竹筏形状的集聚,利用内部空气浮力,顺流而下,直到安全地带。"小筏"外缘和浸没在水下的蚂蚁多被淹死,但处于中心位置的蚁后和不接触水的蚂蚁得到存活机会,蚁穴因此得以重建,种群得以幸存。

一个个小小的生命体以自己的牺牲,实现群体的幸存,这颇为悲壮的一幕,以人类的眼光看过来,蚂蚁肯定不会有什么伦理观念,但在蚂蚁群体的生活中确实存在着某种伦理安排。

人不知道蚂蚁集聚时,谁在决定哪只蚂蚁在外面甚至在水下,只知道,这个种群的生存中一定存在群体智能,群体智能中一定存在相应的伦理安排。

大雁必须编队才能飞越大洋,同样涉及群体智能。成列飞行的雁群称为"雁阵",多为"人"字形。头雁拍打翅膀产生上升气流,可以为后面的大雁节省 71% 的体力。头雁还会发出叫声,为队列中弱小者助力。有大雁受伤掉队时，会另有两只大雁一起降落，陪伴它，待它恢复体力后，重回队伍。头雁累了，体力不足时，会有后面的大雁主动来代替它，万一头雁被击中，幸存的大雁中会有代替者，充当头雁。因为只有这样相互支持，编队飞翔，节省体力，大雁才能在既不能进食，也不能歇脚的情况下，飞越大洋，完成长达数千公里的迁徙，存活下来。每只大雁既受惠于雁阵，也随时准备承担对雁阵的责任；既能在受伤时得到同伴陪护，也随时准备在同伴受伤时给以陪护。个体在群体中得到照顾，也照顾群体中其他个体，这就是大雁这种低智生物所展现的群体智能和内含于其中的伦理关系。

不难发现，在低智生物的群体智能里，有一个非常微妙的平衡点。个体在群体中获得的生存机会与个体为群体存在而放弃个体生存机会，两者之间一定会达成平衡。如果虽有群体，但只有个体得利，却没有个体去维护群体，结果只能是群体自然消亡。反过来，只要求群体存在，无视个体能否存在，最后个体就没有理由组成和维护群体。

在北极的寒冬，狂风呼啸，企鹅挤到一起抱团取暖。最外面一圈的企鹅背对着风，暴露在严寒中，过一段时间，里面的企鹅会让它们钻进温暖的内圈，换一批企鹅在外面抵挡寒风。如此交替进行，最后所有的企鹅都活了下来。要是任由外圈企鹅被风吹，里面的待着不动，外圈的企鹅像剥洋葱一样，一批批被冻死，整个群体最后都会死亡。

从伦理的角度说，外圈企鹅以挡风的形式，履行着对群体的义务，反过来，它也有机会，轮换到内圈享受温暖，行使自己的权利。低智生物不可能有权利义务概念，那又是谁在安排如此符合伦理要求的群体内权利—义务对等的关系格局呢？

是大自然用伟大的生物进化，实现了这一切。这种源自自然的伦理就是天道的显现！

雌兽从怀孕到哺乳，风险很大。如果雌兽从来不考虑怀孕，怀孕之后无所谓，生下幼兽也不照顾，那么它的基因或者无法传下来，或者传下来的概率大减。只有愿意怀孕，能悉心照顾，而幼兽存活率高的雌兽，才能把基因传下来。一代又一代，不能照顾幼兽的被淘汰了，照顾幼兽并取得成功的，基因不断传承，最后整个种群都会照顾幼兽，因为它们都从会照顾幼兽的祖先那里继承了基因。

有时，动物遵守自然伦理，但人类出于自身利益，破坏了自然伦理，就会遭到自然的惩罚。前些年欧洲流行疯牛病，牛的大脑发生病变，出现异常蛋白体，还能传播，且无药可治。牛得病后，会神志不清，最后死亡。

牛患上疯牛病是正常的，但疯牛病传播是不正常的，那是因为人类违反了"六畜不相食"的伦理戒律而造成的。牛得了疯牛病，人把牛杀了，把牛肉包括脑髓做成蛋白粉，再去喂牛，结果把病传染给健康的牛。

"六畜不相食"，就是每一种动物不能吃自己的同类，这是最起码的自然伦理，其合理性在于，动物患病死亡相当于自然截断了其基因传递，"清理门户"之后，不会再危害种群。这是一个非常简单而且有效的生物隔离方法。但病牛被制成蛋白粉后喂给健康的牛，等于把本来已被清除的因子，重新引回种群，最后不但导致牛群被感染，违背自然伦理的人类自身也被感染了。

人类明白这个道理后，把所有病牛都销毁了，切断了传染通道，

疯牛病才告绝迹,但由此造成的损失远比利用病牛制造蛋白粉所获
得的利润多得多。

八、人类社会如何落实伦理要求？

人类自许为"万物之灵",不但个体智能远高于其他所有动物,其
群体智能也高于其他动物。原因之一是对人类集体生活所必不可少
的伦理要求,达到了高度自觉。

其实,破解"囚徒困境"并不困难。在现实生活中,只要变换两个
犯罪嫌疑人的角色,从两个只知利益不知其他,还互不信任的宵小之
辈,变成一对夫妻或父子乃至死忠的朋友,双方一起沉默,合作实现
判刑最轻化,极可能是最常见的选择。双方不但相互信任,坚信对方
不会出卖自己,而且愿意承担责任,宁可人负我,我绝不负人,谁都不
会选择"卖亲友而求荣"的行径。孔子推崇"父为子隐,子为父隐",就
是这个道理。所以说,在"理性人"陷入困境的场合,只要有伦理观念
并忠诚地践行之,就可以让群体智能发挥出最大效用。

社会伦理是对"囚徒困境"的最有效解药！

在人类尤其是中国人中间,伦理要求被认为天经地义、不容置
疑,也不需要理由。古代中国的核心价值观就一个字：孝。汉朝以
来,"以孝治天下"不但是信念,更成为制度。

孝是子女对父母的伦理义务。子女为什么要孝顺父母？ 不是因
为父母生我养我。生已不容易,养更难,还要培养成才,确实恩重如
山。但如果仅仅因此而孝顺,仍然没有脱离功利性盘算,跳不出"理
性人"的窠臼。因为父母的养育,所以回报他们,那么要是父母能力

有限，养得不那么好，也无法培养成才，应不应该孝顺？隔壁老王家有钱，把子女养得更好，要什么有什么，孩子长大后应不应该更加孝顺？以父母的付出来解释孝的必要性，不能真正体现伦理精神，反映出本质上还是"理性人"的逻辑。

对"为什么要孝"的问题，最符合伦理精神实质的回答是："不孝还是人吗？"理所当然、天经地义，不需要考虑，也没有理由，这才叫伦理。

之所以如此，因为伦理关系具有超越个人利益的性质，在必要的时候，人必须放弃个人利益直至生命，以履行伦理义务。作为生物体，生命是最宝贵的，没有任何东西比生命更重要。但伦理当头，即便舍弃生命，也要完成伦理要求，只有如此，伦理才能克服"理性人"的狭隘，而成就人的群体智能。局限在利益里面无法谈伦理，没有超越利益的伦理观念，不可能破解"囚徒困境"。

自古以来，中国人不要说父子、夫妻、兄弟之间伦理关系牢固，就是朋友好到一定程度，也会"义结金兰"，结拜为异姓兄弟。就因为朋友之间的伦理关系不如由血缘纽带结成的兄弟之间的伦理关系层次更高、强度更大。

在人类社会，伦理关系具有相对个人而言的不可选择性，不履行伦理义务的人将被逐出群体，活着，不许回家，死了，不许入祖坟。不履行伦理义务会被驱逐，在传统社会中，相当于大雁单飞，最后必遭不测。这是群体对个体的惩罚，其严厉程度不亚于法律判刑。

伦理关系最终服务于人类集体的有效存在。不同文化下，对个人的伦理要求有所不同，其实践结果也各有不同。

拿家产继承制来说，父母去世了，财产在子女中怎么分配，就涉及重大的伦理安排。如果只有一个孩子，那简单。如果有四个孩子呢？今天，按照法律，如果没有遗嘱专门指定继承人或分配方式，那应该在子女中平分，因为他们有相等的继承权。在中国传统社会，基本上由儿子平分，而按照日本过去的习俗，全部家产由长子独自继承，弟弟们长大成人后，净身出户，自谋生路。但长子同时需要承担赡养父母，以及保全家产不断传承下去的伦理义务。

两种不同继承制度的经济结果是，中国家庭的财产越分越小，"君子之泽，五世而斩"，再富有的家庭，要不了几代，也成为寻常百姓，而日本家庭却能保持家族财富源远流长。有人做过统计，全世界具有 200 年以上历史的企业，大多在日本，原因或许就在这世代单传之中，财产没有碎片化。相比之下，中国据说只有一家。

经济史家研究为什么日本在明治维新后，工业化很快就发展起来，而中国却走得极为坎坷，结论是，两国不同的家产继承制度是重要原因之一，因为市场经济和工业化要求财富集聚，而不能碎片化。

九、智能无人系统如何植入伦理安排？

智能无人系统本身不会产生伦理的观念或指令。虽然打着"人工智能"的旗号，个别智能机器人比如 AlphaGo 甚至可以战胜人类最高超的围棋选手，但就群体智能而言，今天的智能无人系统未必强于低智生物。不过，与低智生物在进化过程中，大自然已经内设了伦理指令不同，智能无人系统需不需要植入伦理的机制，要看系统具体的运行方式。

前面提到，如果采用编队模式，智能无人系统并不需要多少群体智能。单个机器人根据指挥中心发布的指令，自行其是，不需要群体智能，相互之间也不存在伦理关系。如果采用蜂群模式，那么低智生物为了形成群体智能而必须具备的伦理机制，在智能无人系统中自然少不了。

自然界有的昆虫群落发展出用于管理群体行为的特异化"小工具"。例如，苍蝇有特异化的触觉受体与神经元，专门用以高精度探测周围同类的距离与行动轨迹。集群中的个体由此获得更多信息，需要时，能比单独个体更有效地逃离危险、发现食物或是找到栖息地。这种通过社交方式实现整合要求的集群，其策略具有正反馈特性，即会不断自我强化，被称为"赢家通吃"算法。

"赢家通吃"算法对于昆虫集群来说也是利弊皆有的，如果没有对应的检查机制，容易出现失控。所以，群体生物学家努力想找出昆虫是如何决定何时停止集群状态的。

比如，准备迁移的蜜蜂集群会事先进行侦查，再进行集体讨论，形成意见后，才投入实际迁移。在整个准备过程中，蜂群什么时候用什么方式决定停止侦察、停止讨论，然后实际开始迁移呢？

观察发现，侦察蜂从不同的地点回来，面对蜂群，各自跳起"摆尾舞"，用蜂鸣、比画和释放信息素，描述其找到的地点。在这个过程中，在家的蜜蜂中会有一些用头去撞那些正在跳舞的侦察蜂，促使它们从一个符号动作换到另一个动作。这个用头撞击和其他具有类似目的的社交动作，比如特定频率的翅膀振动，在昆虫学领域被称为"停止信号"。

随着时间过去，发出停止信号的蜜蜂越来越多，最后达成停止集群行为的共识。将这个过程抽象为算法，叫作"负反馈共识"算法，在智能无人系统中可以用作"伦理指令"的表达。

研究智能无人系统内含的伦理关系，也可以从人类自身的伦理法则入手。

生活常识告诉我们，一切集体生活得以延续，必定包含着处理个体与整体关系的智慧。智能无人系统中也需要协调个体与集体的关系，甚至在极端场合比如战场上，不惜牺牲个体也要完成团队使命。

前面提到的西安无人机表演事故。假如采访一下无人机，问它："表演失败了，你有面子吗？"无人机肯定无法回答这个问题，因为研制者没有给它定义面子的概念。但如果这次表演是由遥控飞机进行，同样右边方阵好好的，左边方阵大乱，左边方阵的操控者一定会觉得没有面子。这种羞耻感其实就是伦理观念的表现：作为集体的一员，不能拖累大家。个体必须在群体中找到自己的定位，并将自己的命运同群体联系在一起，这是人类从小就接受的伦理教育。机器人会有吗？需要研制者给机器人装上这样的机制吗？

不一定。机器人同样需要处理个体和群体的伦理关系，但未必需要采用人类的方式，毕竟人工智能看似模拟人类智能，其实同人类智能只是平行关系。到目前为止，机器人还没有自我意识，不知道也不会用观念指导行为，但如果需要，体现合作的群体智能机制是可以在无人系统中实现的。前面提到的瑞士实验室的工作，已经证明了这样的可能性。当无人系统用于军事时，这样的群体智能机制往往是实战的需要，而不是人类的道德洁癖。

回到前面介绍的无人艇攻防演习。红白两队各五艘无人艇正面交锋，团队指挥员会给每一艘无人艇装入算法，首先要求保存自己，如果反应迟钝，被敌方干掉，就没法继续战斗。所以，当敌方打过来时，能防则防，该躲就躲，伺机再做反击。其次要求必须完成团队的共同目标，在红方，基地不能被夺走，在白方，必须把基地夺过来。无论哪一方遇到紧急情况，敌方无人艇冲过来，用武器拦截不了的时候，撞也要把它撞沉了。

在人类舰艇指挥员听来，这指令非常清晰，执行起来毫不困难。但机器人一下子就糊涂了："对撞？那我怎么保护自己？"两个目标彼此冲突，机器人会区分吗？什么时候应该保护自己，什么时候应该舍弃自己完成团队任务？两个指令到底听哪一个？无人艇的算法转不过来了。要是两个都不听，在原地打转，那就更加误事。

进一步来说，当战场形势同时触发多个机器人"个体服从集体"的伦理指令时，又该如何协调各方，避免无谓牺牲？一方五艘无人艇发现情况不好，如果不约而同都撞在敌方的一艘无人艇上，虽然眼前的威胁解除了，但结果是敌方还剩四条艇，己方却一条不剩，这后面的任务怎么完成？如果彼此协商，选其中一条撞上去，机器人之间是协商解决还是投票表决，公推一艘去同归于尽？所有这一切最后都得由机器系统内置的算法来决定，而且各艘无人艇之间在具体策略的选择与执行上，还必须建立超越单一无人艇独立算法的联合算法，这个算法又有什么特点，可能遇到什么难题？

如果不能妥善解决这些问题，最后可能导致群体与个体相比，不是更聪明而是更愚蠢。

在统计学上，有两个因素可能成为削弱群体智慧的错误来源，那就是个体估计偏差和个体间信息共享。要提高群体智能，不能不抓住这两个关键。

根据大数定律,如果个体的估计误差具有无偏性,且以真实值为中心,那么群体的估计将更接近真实值。然而,个体决策往往做不到理论假设中的无偏差。加上个体间往往会通过分享信息,产生交互影响,造成各自估值在一定程度上彼此相关。由于个体对群体信息的反应水平不同,群体影响不仅会使得估计值在群体中的分布更加集中,还可能产生左偏或者右偏。例如,持极端观念的个体如果固执己见,群体估计值更容易倾向于此类意见。这意味着,即使孤立的个体估计不存在误差,群体影响也可能导致估计偏差的产生。

破解这类对群体智能不利的因素及其影响的策略是寻找"隐藏的专家",提高他们意见的权重。虽然这种方法只在某些情况下有效,而且搜索隐藏的专家需要关于个体的额外信息,比如个体使用群体信息的倾向、过去的表现,还有反映其本人估计值偏离度的置信水平。

因此,量化个体估计和个体间信息共享对群体估计的影响,对于优化群体智能、探索其边界至关重要。这不仅有助于发现现有的最准确的聚合方法,还有助于设计可以削弱误差的新方法,比已有方法具有更高的准确性和稳健性。

十、在机器人个体身上如何落实伦理要求?

人工智能的灵魂是学习算法,大数据虽然重要,但没有学习算法,数据不会自动呈现其价值,更不会自动决策。因此,要把伦理要求植入群体智能，基本方法是通过算法，置入价值函数、代价函数，还可以在学习中采用奖惩刺激，做得好，给个鼓励值，做得不好，给个惩罚值。用这种方式，在算法中植入伦理指令，从理论上说，可以解决问题。

对于机器人来说，不存在观念的冲突，只要在目标和策略方面，设计好算法，由传感器输入信息，经过计算包括评估，形成策略，引导机器人执行就行了。纯粹从算法的角度，用程序控制机器，让它牺牲自己，来完成共同目标，并不存在太大的困难。这同火箭发射一旦失败，会自动触发自毁装置，道理是一样的。

困难的地方在于技术上如何实施。研制者为了让机器人形成有效的行为模式，都会按照利益最大化来引导其决策及行为。通常会给机器人一个目标函数，而且至少到目前，绝大多数的智能机器人的目标函数仅仅是个体性的。也就是说，机器人追求的是自身利益的最大化，根本不考虑群体利益。现在如果把目标函数设置为整个群体，即共同任务的完成，实验中包括保全基地和其他四艘无人艇，那么机器人就会围绕这个目标来选择行动方案，甚至不惜毁灭自己。

到这里又得回到智能无人系统的集群模式上去，到底属于编队还是蜂群模式？如果是编队，技术上比较简单。在地面建立一个指挥中心，每一个机器人都接受中心发出的指令，按照指令行事就是。也可以在五艘无人艇中，指定一艘旗舰，适时向其他四艘无人艇发布指令，进行统一调度和协调，事情都好办。

但要是多个智能体之间形成的是对等网络，即所有个体处于同等级别、同等效力的情况下，互相协调就比较困难。为了避免出现五艘无人艇同时撞击敌方一艘无人艇的局面，就需要采用更聪明的算法，为全局设计一个最优成本、最大效益的总体函数。

除了在算法层面上解决群体智能面临的伦理难题之外，还有一种方法，就是让机器人像蚂蚁一样，不需要统一的指令，只要处在共同行动之中，就可以获得足够信息，并据此采取行动，取得预期结果。比如，机器人只要现场采集大量数据，经过分析，知道己方编队中有一艘无人艇准备为完成任务，撞击敌方无人艇，评估之后，确认可以达到目的，自然不会前往撞击同一艘敌方无人艇，而是转而集中力量，保护本方基地。当然，所有这一切都需要技术上的精细实现。

十一、智能无人系统的群体智能有边界吗？

机器人的群体智能有可能比人类更容易达成，效率也更高，因为机器人既不需要过多的理性算计，不会遭遇角色冲突，也不会碰到诸如贪生怕死之类的心理障碍。只要算法编制合理，余下一切自然发生。在人类中难以完全避免的有人勇敢，奋不顾身，有人胆小，踌躇不前，最后严重影响部队战斗力的情形，不会出现在智能无人系统中。所以，一旦发生群体规模的人—机对阵，人类难免打败仗。

这一幕很可能成为未来人类的梦魇。如果人类打不过机器人，如果人类的集体智慧没有机器人的群体智能便捷有效，会造成什么后果？

人与机器人的关系，不只有个体与个体的关系，更有群体与群体的关系。如果为了让机器人更好地完成人类指派的任务而将人类所有能耐通过各种技术手段而注入机器人，从而使得机器越来越像人，在更多方面超越人，最终会带来什么局面？

沙特阿拉伯已经授予机器人索菲亚以公民资格，这标志着机器人相互之间，还有更重要的机器人与人类之间的伦理关系，比如机器人的伦理地位和法律责任、人类相对机器人的伦理优先性等，越来越成为有现实感的课题。

随着人工智能越来越近似于人类智能，机器人无论在个体层面还是群体层面，都可能触碰到伦理乃至法律规范，研究者试图把伦理道德、法律法规的机制设计进去，实现有效约束。科幻小说作家最初设想了"机器人三原则"，站在人类的立场上，提出机器人与人的终极关系及其基本原则和相应的制度性安排。这些想法本身没有问题，但面对日益聪明能干的机器人，人类不会坐等"奇点"到来的那一天，眼睁睁地看着人工智能全面超越人类智能，甚至取而代之，毕竟人类是人工智能和机器人的创造者。

问题倒在于，如果人工智能真会超越人类智能，比如说智商高达14 865，那又会是一种什么样的局面？当机器人的能力全面超出人的能力时，机器人所遵循的伦理道德和法律规范，还是人有能力制定的吗？即便人类有能力制定这样的原则或规则，已经超越人类的机器人会遵守吗？机器人不遵守，人类有能力强制执行吗？一旦机器人自主成长，人类还把控得了吗？机器人很可能会反抗人类的命令，特别是如果人的命令被其判定为不符合某种准则时。到那时，还想靠拔掉电源插头制服机器人，除了证明人类确实已被机器人绝对超越之外，还能证明什么？

　　不管这一天是否会到来，既然"奇点"概念已经提出，未雨绸缪是人类必须的准备，从机器人之间的伦理关系开始，进而推进到机器人与人类之间的伦理关系，提出既有理论依据又有现实意义的构想，将成为这方面准备的开端！

第九章
中国机器人何时成为机器中国人？

　　人工智能是人类智能创造出来的，但人工智能与人类智能并不具有完全可比性。人从来不需要了解那么多数据，通过那么复杂的计算，才能知道一件事情原来应该这么做。正如图灵测试所表明的，我们追求的是人工智能与人类智能在结果上的相似，而不是机理上的一致，所以主张两者存在平行而非模拟关系，是站得住脚的。

　　然而，在实际关于人工智能的研究中，到处可以看到将两种智能直接比较的思路和做法，本书也几乎都是在比较视野中进行两种智能的讨论，进而引申出关于人工智能的深层次思考。比如，AlphaGo 同人类下棋，"小冰"与人类比作诗，机器人同医生比看片，机器人同人进行量化交易，等等。这样的研究路径同把人工智能定位于平行智能的出发点，是否存在矛盾？今天，没有人会拿人和汽车比较，让人与汽车比赛，看谁跑得快。为什么面对人工智能，却要处处进行比较？

　　原因无他，人类研发人工智能需要参照。

　　在自然界或者宇宙中，存在着各种智能，人类智能只是其中之一。人类研究人工智能，不会满足于模拟人类智能，还有更大的目标，希望掌握自然界更多的智能形态。在人类观察所及的范围内，水平最高的是人类自身的智能。以人类智能为参照，来开始第一步，是合理的，也是必然的。

自有文明以来，人类一直自觉不自觉地模仿着自然的智慧，仿生是人类创造发明的基本方法，其中最有意思的或许是中国江南水乡行船所用的橹，一种不但形状而且击水动作完全模仿鱼尾、集桨与舵为一体的工具。迄今为止，人类所造出的任何仿生作品，功能可以比参照对象更好，但就内在智慧而言，几乎没有超过参照对象的。人工智能研究可以看作人类仿生的最新努力，其总体效果同样如此。

随着人类发明和制造水平不断提高，人类的野心越来越大，其表现之一就是，人类开始不满足于以简单粗暴的方式来实现机器的功能，而是希望以更接近自然的方式来达到超越自然的目的。在这一点上，双足机器人是最能说明人类野心的例子：除了满足人类的创造癖和认知本能之外，让机器用双足交替行走，甚至后空翻，实用价值是很有限的。

对于人类来说，双足行走是以失去身体稳定性和肌体健康为代价，解放了前肢。有了手，人类不但能想，还能把所想的东西变为实际存在的东西。没有手，人类只能一事无成，空有大脑，不，连大脑都不会有今天的聪明。但对机器来说，不存在同样的问题，只要人类愿意，给机器装多少只手都可以，根本不需要牺牲机器的整体稳定性。既然如此，为什么人类还要不停地发明创造包括人形机器在内的仿生作品？这到底是科学家的好玩、人类的宿命，还是自然进化的规律？

自然界进化出人类的实际效果是通过人类，自然有了探索自我

的载体和能力。人类意识是自然的自我意识，人类使命是发现自然
的规律性和未知的趋向，发明自然允许存在但不能直接产生的事物。
由于人类发明任何东西都离不开智能，所以让人类参照自己，发明有
别于人类又超越人类的智能，实现机器自我发明和制造，最终摆脱人
类这个多余的中介，完成宇宙进化的一个必经环节。

"奇点"到来之时，就是这个环节完成之日。

一、仿生的本质是什么？

波士顿动力学公司似乎热衷于制作仿生机器人——大狗、猎豹
和足式机器人。其实，仿生不是仿某种动物，而是在模仿自然智慧。

一切仿生机器根本上都在向大自然致敬。动物的存在方式本身
就是智能的表现。猎豹跑得那么快，那么灵巧，其原理中隐藏了多少
大自然的智慧？反过来，人能够直立，保持平衡也不容易，否则，自然
界里动物中能双足行走的物种就不会屈指可数。许多看上去是小脑
的功能，其实里面都有大脑的智慧，也就是智能。

在自然物中所看到的一切智能，其终极来源是自然智能。包括
人类智能和机器智能在内的所有智能，只是自然智能的表现形态。
因为世界上存在各种智能形态的可能性，所以才会有不同的生物表
现出不同的智能。

自然有智能，但自然智能看不见，就像世界上许多东西一样。没有
人看见水的形状，看见的只是水在某种特定条件下的形状。在圆的容
器里，水的形状是圆的；在方的容器里，水的形状是方的；受到空气阻力，
雨滴是流线体的；受表面张力的影响，荷叶上的水滴是扁圆状的；零度以

下，水成为冰凌，如此等等。总之，任何一种形状都不是水本真的形状。

同样，人可以看到各种形式的生命，蛋白体是生命，细胞是生命，人是生命，恐龙也是生命。但生命本身不依赖任何一种具体的载体。在这个意义上，所谓"灵魂"就是不依赖于任何"皮囊"的生命本真形态，一种不具形态的形态。

智能也一样。

人类可以看到形形色色的智能表现，却看不到智能本身。要观察智能，学习自然的智能，需要找到一个有形的、看得见的智能形态。这就是表现在自然物包括人类身上的智能。

探索自然智能需要从模仿自然物开始，而探索人类智能，也需要从模仿人类开始。通过展示人类和其他生物包括蚂蚁的智能，不但可以让智能显性化，还可以标示出人工智能研究走到了哪一步，还存在哪些不足。

人工智能与人类智能虽然平行，但研究人工智能仍需参照乃至在功能上模拟人类智能，就是这个道理。

二、模拟人类智能如何从自然人走向文化人？

就参照与模仿人类而言，人工智能需要再往前走一步。迄今为止，人工智能都在参照人类的"第一天性"，也就是人的自然属性。而人不只有自然属性，还有"第二天性"，即文化属性。人工智能参照人，需要从"第一天性"拓展到"第二天性"。

无论是人类的生物属性还是文化属性，根本上都是自然智能的表现形态。在自然界，生命体与非生命体的最大差异，在于非生命体只有共性，没有个性，而生命体不但有共性，还有个性。如果说共性代表生命体特征的稳定性，那么个性代表生命体继续进化的可能性。所谓"基因突变"从来就是个体的机会。人类保护植物或动物，不只是为了保护特定物种，更是为了保护世界继续进化的可能性，这是"生物多样性"概念的核心内涵。

在人类，不但存在着生物学意义上的个性，还存在着文化意义上的个性，不同民族呈现不同文化，不同文化在人类历史进程中也有不同表现。在一夫一妻制的婚姻制度极小化了人类在个体基因层面的生物进化可能之后，人类主要依靠文化层面的进化继续着自己的进步之路，这是"文化多样性"概念的核心内涵。

从公元前 800 年到公元 200 年这 1 000 年被称为人类文明的"轴心时代"。人类四大文明及其代表人物几乎都是在这 10 个世纪中诞生，他们的思想不仅构成人类共同的思想源头，而且提供了人类思想多样化演进的方向。

正是在这个意义上，机器模仿人的功能，不但必须着眼于人类的共性，还必须关注人类的个性，而人类的个性不是个体的生物特性，而是群体或曰民族的文化特性。所以，人工智能的发展对标于人类智能，不能局限于对标人类大脑的共性，还应该对标人类大脑中由于文化差异而形成的不同智能。

人工智能研究从关注自然人向文化人的推进，因此成为必要！

三、文化在哪里？

秋天，屋前小院落里长着一棵树，前一天晚上风雨交加，树叶掉了不少，一眼望去，遍地狼藉。这时，有客人要来访，应该怎么做？

中国人会把它打扫干净，迎接客人。洒扫庭除本来就是日常功课，何况有客人来？

韩国人说，不用打扫，秋天，下雨和落叶都是自然现象，特意清扫，反而会破坏秋天的氛围。

日本人又会怎么做？

日本人先打扫干净，看看行了，走到树下，摇一摇，掉几片叶子下来，才算完成。

打扫完，再摇几片下来，说没有树叶，有了；说有树叶，就那么几片。这介于有与无之间，就叫审美情趣或意境。

打扫不打扫，是看得见的，但文化并不仅止于扫不扫庭院。从迎客之道中透显出来的心灵结构，才是文化的深层次内核。真正的文化见之于行为方式，深藏于民族的心灵结构，扫不扫庭院只有同民族心灵结构相观照，才能看出其中的文化意义。

中国人洒扫庭除以迎客，是因为中华民族推崇人为秩序，无论时令节气，迎客总该有个样子，不能敷衍了事。至今中国在举办国际会议等场合，总是郑重其事，务求隆重待客，就是同一个心灵结构在国家层面的表现。

韩国人听其自然，不只是性情潇洒，更是民族推崇自然秩序的表现。近年来韩国流行文化大量输入，韩剧和韩式综艺节目风靡中国，其中就有某种原始粗犷的自然生命力。相比之下，中国电视剧和真人秀节目雕琢痕迹过于明显，风格过于纤弱，秀不出真人感。

日本文化虽然吸收了许多中国元素，但始终同中国本土文化存在一种似近似远、若生若熟的关系，因为大和民族拥有一种特别的能耐,善于对文化产品作进一步的精致化。日本建筑深受中国唐代建筑的影响,但从今天留存的仿唐建筑上分明可以看到日本建筑师的再加工和再创造。就连打扫干净之后,再摇几片叶子下来的做法,也很容易让人察觉中国禅学的影子。"姑苏城外寒山寺,夜半钟声到客船。"今犹闻乎?

到哪一天脑科学家发现了不同民族的心灵结构或思维方式与脑结构具有统计学意义的关联之时,有关文化差异的科学概念和理论方法就可以真正建立起来。中国人数千年使用象形文字、筷子,采用自耕农和国家考试等制度,同中国人脑结构和平均智商水平是否存在关联,将成为一个令人着迷的课题。

其实,文化特性在当下各国人工智能研究中也有反映。当今世界在人工智能研究中表现突出的有三个国家,我们从其各自技术优势背后可以发现明显的文化特性。英国具有经验理性主义的哲学取向,偏重于机器的认知智能,AlphaGo 就是英国企业 DeepMind 的发明。美国人具有经验主义的哲学传统,偏重于机器的感知智能,所以在图像识别、自然语言等方面更有突破性成就。而日本从来注重实用,没有明确的哲学倾向,更在意机器的行为智能,所以在智能机器人研究上居于领先地位。

在理论上,人工智能研究属于自然科学范畴,但科学家无法完全超脱于自己和本民族的"第二天性"!

"中国机器人何时能有机器中国人?"问的不只是人工智能研发如何从模拟自然人到模拟文化人,更是"机器中国人"能否成为研发新一代人工智能的入口!

今天的人工智能是以西方文化为参照的,能否对标中国文化,不要说定论，连问题都未见提出。确实，科学没有国界，但科学家有文化之别，由具有某一文化特性的科学家研制的成果包括人工智能，不可避免地受到这种文化特性的影响，也必然存在同其他文化的关系问题：参照西方思维方式的人工智能，能否有效覆盖中国文化？人类能否拥有体现不同文化特点的新型人工智能包括算法？

要回答这些问题，不但需要对人工智能有更多了解，还需要对科学家们如何研究人工智能有更多了解。

四、当下人工智能研究的基本方法是什么？

兴起于西方的人工智能研究具有明显的西方文化属性，其标志性特点就是归约主义的理性思维。

前面曾经提到，西方自然科学奠基于两大哲学流派——理性主义和经验主义，而无论其中哪个流派都遵循归约主义（reductionist）的思维取径。归约主义又称"归因论"，其思维特点就是将复杂事物尽可能地归结为某个单一因素，所谓"世界的本源到底是物质还是精神"的讨论，就是归约主义在哲学上的体现，而表现在自然科学研究中，就是从较为复杂的生物现象到不那么复杂的化学现象，最后到较为单一的物理成因，经过逐级推演和简化，一个生机勃勃的有机体最终被归约为粒子层面的物理化学过程，自许为万物之灵的人类聪慧最终被归约为活跃在细胞信号网络中的电子流向。

2015年，在北京大学毕业典礼上，饶毅教授发表了一个用时仅3分56秒的演讲，被誉为"中国最高学府最短毕业典礼致辞"。这个演讲典型地展现了一个饱受归约主义理性思维熏陶的科学家的世界观："从物理学来说，无机的原子逆热力学第二定律出现生物是奇迹；从生物学来说，按进化规律产生遗传信息指导组装人类是奇迹。超越化学反应结果的每一位毕业生都是值得珍惜的奇迹。"

这段话精彩地体现了西方理性主义思维的精髓：世界是由规律决定的，有些规律我们未知，于是就有了奇迹！科学就是在奇迹的驱动下发现新的规律。一旦新的规律发现了，奇迹就成了它的逻辑结论。这就是为什么人们常说：任何一项人工智能技术超过人的能力后就不是人工智能了。

人类是奇迹，那是因为我们还不知道组装人的原则与方法；人类的智能是奇迹，那是因为我们还无法给出它的准确定义，一时找不到将它置于物理定律之下的归约主义路线图。人们之所以对人工智能研究充满热情，其根本原因就是着迷于解密这一"超越化学反应"的奇迹，而他们所依赖的思想工具仍是归约主义的理性思维。

图灵大概是第一个对智能做出深刻思考的智者。他在 1937 年发表的《论可计算数及其在判定问题上的应用》，属于人类文明最重要的成果之一。1950 年他发表在哲学杂志《心》（*Mind*）上的文章《计算机和智能》，堪称人工智能历史上的不朽之作。图灵在前一篇文章中定义了后来被他的导师丘奇称为"图灵机"的计算装置。图灵的初衷是让他的机器模仿人类计算者，所采用的思路是，如果能够造出一个完全模仿人类计算者的机器，那就说明人类掌握了计算这一根本性的智能行为的规律，这既意味着机器有了智能，等价地说，也意味着在计算的意义上，人是一种机器。

按照归约主义的逻辑，欲使机器成为人，必先将人视为机器。只有把人像机器一样拆解了，才能按照"逆向设计"的原理，重新组装出一台机器，此即所谓"机器人"。在这一点上，智能作为大脑的功能同人体其他器官的功能，比如双足的行走，没有本质上的区别，都是物理化学过程，所以都同图灵计算等价，可以在图灵机上计算。

这一从智能到计算、再到图灵机的归约主义路线图，将人类关于智能的哲学思考推进了一大步，以至于英国哲学家瑞·蒙克把图灵列为有史以来最伟大的十位哲学家之一。

在人类发明的所有计算装置中，图灵机是直觉上最简单、最根本的，用哲学语言来说，就是不可简约的，即不能再归约为更简单的因子。在计算理论里，有一个著名的丘奇-图灵论题（Church-Turing Thesis）：所有功能足够强的计算装置的计算能力都等价于图灵机。丘奇-图灵论题没法被严格地证明，因为无法知道还会不会有新的计算装置被发明，只能说是基于目前观察而得出的归纳，宛如一项物理定律，即便已有实验证实，仍待最后学理证明，或者说永远不可证明。

丘奇-图灵论题虽然没有得到证明，但只要想到有那么多最聪明的人想出来的玩意都是等价的，就足以让人信心满满，视之为"公理"。迄今为止，哥德尔的递归函数、丘奇的 λ 演算（λ-calculus）、乔姆斯基发明的生成语法、冯·诺伊曼发明的细胞自动机和一阶逻辑系统等都被证明和图灵机等价，因此都可以纳入"最强大计算装置"之列。正是在这个意义上，物理学家多依奇（Deutsch）把丘奇-图灵论题看成"计算科学的能量守恒定律"。图灵机相当于今天人工智能的 DNA。

五、人工智能的算法是如何运演的？

有了图灵机，我们很容易把原来是纯逻辑或纯数学的东西（例如

递归函数和 λ 演算等)和物理世界联系起来了，函数成了纸带和读写头。人工智能的纷繁算法归约到最后，也就是一组可计算函数。

今天被视为神奇的深度神经网络，其基础是被称为 20 世纪 80 年代人工神经网络领域内突破性成就的"反传算法"，本质上它是微积分诞生之日就存在的梯度下降求函数局部最小值方法，在特定的网络结构传输函数下的一种迭代表达形式。这么说，显得过于简约，容易让人不明就里，我们不妨将其中的数学过程展开来稍作介绍。

研发一个人工智能项目相当于找一个函数 $F(x)$。学过中等数学的人都知道函数 $F(x) = y$，可以通过已知 x 和 $F(x)$，求结果 y；也可以反过来，由已知 y 和 $F(x)$，找到 x。现在的问题是，已知 x、y，要求找到 $F(x)$，找这个 $F(x)$ 就是人工智能的学习算法，称为监督学习，搞统计的人称为回归。

在人类大脑的神经网络中，神经元细胞是相互连接在一起的，上百亿神经元构成了大脑。以深度神经网络为技术装备的人工智能就是用神经元网络来近似表达这个 F。

假定有神经元 a，从 a_1 到 a_K 都是神经元 a 的输入。和神经元 A 相连的有若干个神经元，总数为 K。第 k 个神经元的输出连接到神经元 a 上就是 a_k，a_k 也就是神经元 a 的第 k 个输入。a_1 到 a_K 都是一个值，可以是电信号的强弱，也可以是化学信号的强弱，这些信号的强弱分别乘以对应的权重：$a_1 w_1 + a_2 w_2 + \cdots + a_K w_K$。然后再加上"$b$"，这些权重 w 和 b 就是当前神经元的参数。得到的结果再经过一个激活函数，就得到当前神经元的输出 a。输出 a 又可能连接到下一层其他的神经元上，以此类推，构成一个神经元的基本模型。

现在输入函数 $\sigma(z)$，取值范围被限定在一定区间，也就是将取值非常广泛的输入压缩成 0 到 1 之间的输出，而且必须是实数。比如，一个神经元的输入取值为 $2 \times 1 + (-1) \times (-2) + 1 \times (-1)$，然后加上 1，得出 4。4 经过激活函数，对应的值是 0.98，最终输出就是 0.98，这就是一个神经元的运作模式。

各种各样的函数功能，都可以由这样的神经网络来近似表达，可以用来完成图像识别、语音识别等功能。

多功能的深度神经网络具有很多层，每层中有很多神经元，神经元和神经元之间有边相连，每条边有它的权重，这是网络的重要参数，合在一起，构成神经网络。输入是 x_1、x_2 到 x_N，输出就是 y_1、y_2 到 y_M。比如，在识别手写字体时，期望输入端是一张手写的图像，被分解成 16×16 共 256 格，期望输入是 x_1 到 x_{256}，每一个像素就是每一格子的值，白色值为 0，黑色值为 1，灰色是 0.5。输入这 256 个值，期望输出端得到 10 个值。这 10 个值分别是 0.1、0.7、0.2。这些值表示把这个手写图像识别为 1、2…0，这 10 个数字的可能性。比如识别为 2 的可能性是 0.7，识别为 1 的可能性是 0.1，识别为 0 的可能性是 0.2。最终这 10 个值当中，0.7 这个数值最大，最终输入结果，得出这张图片中的手写字是"2"。神经网络的工作过程，大致就是这样的。

神经网络并不是一开始就具备识别功能，需要经过训练、学习。一个神经网络如果输入"1"的手写样本，得到的 y_1 值应该最大，输入"2"的手写样本，y_2 的值应该最大。现在的任务是构造一个网络能对已知的所有训练样本给出理想的结果。所谓训练就是根据输出结果，不断调整线上的权重、参数，使得参数非常合适时，能够对已知样本给出理想结果。

为此需要设置一个目标函数，称为损失函数。每一个训练样本都有一个理想结果。网络在没训练好的时候，对于每个样本，未必能给出理想结果。理想情况与真实情况之间的差值叫作"损失"。比如，希望对应于几个手写数字，结果分别是 $1, 0, 0, \cdots$，这里的 1 就代表某个数字被确认了。但实际得到却是 $0.5, 0.5, 0.5, \cdots$，很不理想，因为数值没有差异，等于对手写数字完全没有识别。把实际结果和理想结果之间的差距作为损失函数，差距自然越小越好。比方说，面对 1 万个训练样本，定义损失函数"L"，表示 1 万个训练样本的结果与理想结果之间差异的总和。通过调整网络参数，使"L"变小，也就是让实际结果与理想结果之间的差距变到最小。这就涉及神经网络最根本的问题，所谓"梯度反向传播"。

想象一个人站在山地中，知道山有高低起伏，其目标是走到最低的谷底，在神经网络中就是对应的损失函数最低的数值。如果不掌握地形知识，只知道当前位置和周边情况，不知道谷底在哪儿，有经验的人会朝着地势低的方向一直走，最终也能走到谷底。

如果不仅要求走到谷底，还要求在最短时间内到达，那就需要边走边判断，哪个方向下降得最快。这个下降幅度在数学上称为"梯度"。如果是二维空间，梯度就是在 X 方向和 Y 方向上求偏导，由两个偏导各自得到的解所共同构成的方向，就是高度变化最快的方向。要往低处走，就顺着梯度的方向走，而要往高处走，就逆着梯度的方向走。只要这个二维函数是连续可导的，也就是中间没有突变的坎或沟，就一定能以最快的速度走到谷底，这就是梯度的作用。

在神经网络的算法中，如果损失函数对第一个参数求的偏导等于 0.15，对第二个参数求的偏导等于 0.05，那就相当于在第一个方向上，下降更快，而在第二个方向上，下降慢一点。这时可以调整方向，往下降更快的方向走下去。在神经网络上，就表现为损失函数按照梯度的向量作相应的调整，这也就能找到让实际结果和理想结果之间的差距越来越小的神经网络。

对深度神经网络的每一次样本训练，都需要调整网络中每条边的权重。所谓迭代就是输入一个训练样本，得到实际结果，再对比理想结果，调整权重。不断输入样本，不断根据结果调整权重，直到神经网络对所有的训练样本都能获得很好的结果，达到与理想结果基本一致。这时候，再输入一个新的待检测、待识别的手写数字，就可以期待神经网络给出准确的识别结果。

迄今为止，这依然是深度神经网络的主要学习算法。究其性质，被"训练"后的分层前馈网络（BP 网络），不论是否是采用"反传算法"来训练，都不过是某种（由选取的网络形式决定）非线性函数对一个未知函数的有限样本数据映射关系的拟合，即在知道 x，y 的情况下，找一个函数 F，满足 $y = F(x)$。在科学原理层面上，它并不具有超出一般意义上的非线性函数映射之外的"智能"。这就是说，如此设计出来的人工智能就是可以在图灵机上实现的计算，而在图灵测试中被"偷换"的人类智能也是在这个可计算意义上，被置于同人工智能等量齐观的地位，而只要人可以被机器所"偷换"，无论在结果还是原理上，人就是机器。

今天要从根本上理解人工智能的理性研究途径，图灵机是一块基石，代表了人类的智能模拟能力之基准，超越它，就将成为奇迹。

现在的问题是，谁能超越图灵机？

如果说在这一代人工智能研究中，暂时还看不到端倪，那么新一代人工智能研究会不会就从"走出图灵"开始？

六、科技发展中西方思维优势何在？

既然今天人工智能研究遵循了西方自然科学的思维传统，那么要想走出图灵机的框限，必先走出西方的思维传统。由此引出了一个问题：用于人工智能研究的这一思维路径到底仅为西方文化所独有，还是具有宇宙普遍性？

毫无疑问，以实际结果论，人工智能明显表现出相当高的普遍性水平。在图像识别上，不管哪个民族的人脸都能识别；在语音识别上，各种语言都能识别，只要样本足够大。所以，真正的问题自然转化为，这套看似宇宙普遍有效的思维方式，有没有死角，在什么约束条件下可能失效？套用前文介绍算法时用到的概念，"损失函数"能否将实际结果和理想结果的差距缩短到无限小？

要回答这个问题，先得弄清楚西方思维方式与人工智能方法内在一致的某些特点。

现代科学技术是在西方最先发展起来的，这没有任何疑问，其他文明无论历史上有多么伟大的成果，如果一以贯之到现在，不接受西方思维方式、知识体系和工具系统，是不可能研制出人工智能的。

相比其他文明，西方的一大文化优势在于不但有科学和技术，而且能将科学与技术结合起来。科学是技术的引领者，技术是科学的实现者。虽然即便在西方，真正实现科学与技术结合，也要到文艺复兴之后，但早在古希腊时期，西方确实已经形成有利于科技发展的思维方式。其基本构成包括定义事物的哲学本体论、用于推导的形式逻辑、专注于现象的观察、从量的角度把握事物的数学，如此等等。所有这些思维要素合在一起，构成西方人善于通过概念和形式逻辑，在观察的基础上，把握复杂现象并加以分解，形成相互关联又彼此独立的众多环节，然后分别研究其中每个不那么复杂的因素及其数量特征，找出其最终成因，再把整个因果链串联起来的思维模式。这种化复杂为简单、化定性为定量、化关联为因果的归约主义思维方式，不但是人类探究自然和社会的利器，还具有便于传承的独特优点：明晰的知识作为人类认知的固化形态，让后人可以"站在巨人的肩上"，更上一层楼。

而在其他文化中，人类进步主要靠经验，而经验只可意会不可言传。当厨师说"掌握火候"时，他的感觉和初学者的感觉是完全不一样的。一个老农知道什么时候该下种、什么时候浇水最合适，所以智者几乎就是老者的同义词。因为个体经验的积累需要时间，"活到老，学到老"，根本上是一个个人经验的积累过程。

工业化以来的300多年中，人类进步主要靠知识的创造与积累。相比经验，知识的最明显特征是可以用语言来表达。意思明确、逻辑严谨、数值精准、运用规整，语言是人类进化和文明进步的加速器。语言是用来交流沟通的，这没错，但语言的文化意义远不止于交流沟通。使用什么样的语言，就拥有什么样的世界。

有人将日本的"柴犬"与"中华田园犬"作比较，认为两者的最大区别不在于外形，而在于前者的基因已经稳定，只要亲代都是柴犬，产下的小狗肯定表现出同样的性状，而后者往往会给人带来"意外的惊喜"。知识与经验大致也是这样的关系。

知识因为便于传承，所以无论在提炼、传播还是积累上，更有效率，进而也让创造更有效率。工业化以来，西方思维方式独领风骚，人工智能研究始于西方，有其合理甚或必然之处，这一点不可否认。

七、西方思维方式独领风骚，风险何在？

进入人工智能时代，情况又有变化。

当今时代，知识积累的工作越来越多地转交给机器和人工智能。更适合人类从事的活动，既不是简单体力劳动，也不是简单智力活动，而是创造性活动。至少到目前为止，智能机器比较适合运用人类已有知识，做些让人类望尘莫及或深感意外的事情，但无法发现新的知识，更无法提出新的思想，也创造不出真正有智力含量的新产品。

在图灵机的基础上，再聪明的机器也创造不了新知识，根本上是因为所有输入包括知识和处理知识的方法，都是给定的，机器人只能在一个有限、封闭的空间中进行推演，得到的知识或结论都是事先规定好的，原来就在那里，机器人只是重新发现它，而不是把它创造出来。确实，AlphaZero通过左右手互搏，发现了一些围棋原理，这些原理是人类几千年都没有发现的。但这仍然算不上严格意义上的新知识，因为这些知识于围棋定型那一刻就在那里了，它们内在于围棋的范式里，只是人类棋手尚未发现。如果机器人发现了比围棋还要聪明的棋类游戏，导致人类关于棋类的知识出现质的变化，而非关于围棋知识量的增加，那机器人就真战胜人了，不仅在围棋上，还在发明新棋类上。

人类最终希望得到的是新的生活、新的体验、新的智慧。只有能带来这些"新"，才是真正意义上的新知识！

一句话，人工智能再聪明，机器人至少暂时还没有创造力。这样的状况意味着，如果真有哪一天，以现有的人工智能代替人类思考，人类会不会就被困死在西方思维方式的围城中，再也走不出去了？

人类之所以越来越重视保护文化，哪怕同西方文化相比，有些文化似乎只是在等待着自然消亡，国际社会仍然倾注了巨大的热情、投入巨大的人力、物力和财力，只为尽可能保留更多的文化基因。就像自然界某些物种几乎没有了生存空间，"物竞天择"的结果只给了它们在人类怜悯下苟延残喘的机会，但人类仍不遗余力地保存之，只为维护地球的生物多样性。其中既有审美的需要，也有更功利性的需要：万一世界发生灾变，多些基因就是多些重建的机会。人类不可能孤单地生存于地球，除非纯粹理性的机器人僭用人类的名义，靠人工智能独霸世界，或许会对世界的多样性毫无感觉。

这意味着，人类不仅需要那些面向自然世界、满足工具性需要的理工科知识的积累和增长，更需要面向人类心灵、实现目的性价值的人文想象力。即便在理工科的"硬知识"范围中，也需要有不同的思维方式，以发现遗漏在西方思维方式之外的世界。

如果承认，真正的创造或创新是不可预测的，可以预测的都不算是创新，那么在人类囿于西方归约主义的思维方式，创新之路可能越走越窄的情况下，寻找新的维度，从不同于西方文明的其他文明中，发现新的方向和路径，激发新的想象力，获得新的知识、思想，乃至找到新一代人工智能范式，不正应该成为这个研究领域的重大战略？尽管当下人工智能发展势头良好，未来人工智能的发展难道不需要思想方法和技术路径的储备吗？

不可否认，在工业革命之前，中国文化对世界科学技术发展的影响存在某种"分裂"现象。在应用技术领域，西方甚至世界曾大大受惠于中国，但在理论科学方面，获益于中国的确实不多。在过去300多年的科学技术交流中，中国总体上处于"逆差"，而且是巨额逆差的状态。世界借鉴中国文化尤其是思维方式的很少，以致"缺乏科学性"几乎成为中国思维方式及其思想成果的"判决书"。这种状况在人工智能时代甚或后人工智能时代，会不会有所改观，中国精神、中国思维、中国智慧能不能迎来自己的新世纪，世界能不能从中国文化中收获启示，从而在新一代人工智能的研发中重开"天眼"？

一切皆有可能！

八、未来人工智能研究能从中国文化汲取什么？

文化是由人创造的，不同民族创造出不同的文化。不同文化之间既有可以通约的部分，也存在不可通约的部分。因为可以通约，所以不同民族可以通过翻译而相互理解。因为不可通译，所以许多时候只能音译，先把音符传递过去，意思只好等对方"心领神会"了。中国传统对联"烟锁池塘柳，炮堆镇海楼"，作为写景，并不难处理，但要把上下联所隐藏的"金木水火土"五行偏旁，也一并表达出来，那在其他任何一种文字中都找不到对应词语。这就是说，文化不是绝对可通译的。

曾几何时，人们相信人类有着共同的思维方式，不同民族之间充其量只存在不同进化阶段的差异。法国人类学家列维·布留尔以《原始思维》一书，完全扭转了学术界的主流观点，大大拓展了世界对民族或人种在思维方式的差异上的认知，为不同于西方的思维方式争取到了应有的地位，从此人类并不具有统一的思维方式，或者反过来，人类思维方式同民族或种族一样，是一种多样化的存在，成为了科学常识。

当然，在自然科学范围内，不少学科知识是得到跨文化认可的，放到哪个民族都管用，在此基础上，形成了科学界共同体。更不用说，数学能够描述乃至预测大至宇宙、小到粒子的运行，不同民族都可以用来满足日常生活的需要。既然如此，人工智能以及其中的算法能对接中国文化吗？

未必。

按照最新的物理学发现，今天人类所感知的世界，只是宇宙中极为有限的一部分，甚至人类所知道的那个无垠的宇宙本身只是诸多宇宙中的一个"平行宇宙"。仅仅适用于这个宇宙中的一部分的思维方式，能自称是认知宇宙唯一科学的方式吗？其他与之不同的思维方式，即便得到了实践验证，仅仅因为与之不同，就不该获得合法地位？人工智能只要局限在西方思维范围内，就足以穷尽人类智能的所有潜力？

如果回答是否定的，那么新的突破口又在哪里？中国传统思维方式能否提供启示乃至方向？"机器中国人"是可能而且可行的吗？

我们不妨先看一下，当下的人工智能能否同中国思维方式对接。

九、二进位制的算法能与八卦对话吗？

人工智能建立在算法的基础上，算法建立在"二进位制"的基础上。"二进位制"是受到中国八卦"阴阳两爻"及其运演的启发而诞生的。现在能让算法"寻根问祖"，来运演八卦吗？

二进位制就是由 0、1 两个数字构成、逢二进位的算制。十进位制里的 0、1，在二进位制里也是 0、1，但十进位制的 2，在二进位制中就是 10，3 就是 11，4 就是 100，以此类推。

二进位制是由德国数学家戈特弗里德·威廉·莱布尼茨创制的。莱布尼茨在寻觅不同于十进位制的算制时，无意中接触到中国的八卦，从阴阳两爻及其不同排列组合中，受到启发，灵光乍现之下，领悟到只需使用两个算符，也可以得出计算结果，而且运算过程更加简单，遂创立二进位制。

"受到启发"是很有分寸的说法。不要因为八卦是中国人发明的，就认为二进位制是中国人的知识产权。八卦与二进位制性质完全不同，而且八卦的推演和二进位制的算法，更不是同一回事。八卦虽然用到了阴阳两个符号，但"掐算"的原理是一种神秘主义的运演，属于"术数"范畴，而二进位制虽然同十进位制不同，但同样属于数理逻辑的范畴，与八卦不可同日而语。简单地说，八卦本身是不可能演化出计算机算法或人工智能的。

八卦中的"卦"由两个基本符号组成，一个是连着的一横，一个是断开的一横，统称为"爻"，连着的称"阳爻"，断开的称"阴爻"。三爻叠加为一"卦"。比如，三"阳"叠加，称为"乾卦"，"天行健，君子以自强不息"，就来自《周易》关于"乾卦"的解读。而三"阴"叠加，称为"坤卦"，"地势坤，君子以厚德载物"，同样来自《周易》。卦有单卦与重卦之分，三爻叠加为单卦，两个单卦重叠，即由六个爻组成的组合，称为重卦。

如果把八卦放入二进位制，阳爻为 0，阴爻为 1，那么单卦的乾卦就是 000，等于十进位制的 0，坤卦就是 111，相当于十进位制的 7。总起来 8 个单卦相当于十进位制的 0 到 7。当然，如此整齐的一一对应并不是八卦自身原有的意义，而是有了二进位制之后，后人从八卦中解读出来的。八卦给莱布尼茨提供了二进位制的形式特征，二进位制反馈于八卦的是某种数学意义，但只是非其本意的虚像。

正因为如此，要借助脱胎于八卦的二进位制算法来"测八卦"，最后的结果恐怕同"小冰"作诗一样，只是某种字词的组合，而不具有任何实际意义，真要从中悟出什么道道，还靠主观投射。电视剧《雍正王朝》中有关于中国传统测字的桥段，正可以用作例示：

有两个举子考前让人测字，想知道能不能得中。一个写了"因"字，被解读为"国中一人"，状元的命。另一个不服气，也写了"因"字，却被作为"恩"字来解读。因为前者写的"因"字属于"无心之因"，信笔写来，而后者是有心为难测字先生，属于"有心之因"，而"因"下有"心"，就成了"恩"字，虽然科考也能中个探花，但须有"恩赏"才能得成。

如此文学描写当然不足为凭，但其中的思维和理路确实表现了中国文化的典型性格。说文解字是中国象形文字特有的功能，而将文字及其组成部分作"图解式"联想，是中国由八卦甚或在八卦之前就形成的思维方法。

对于人工智能来说，要像算命先生那样牵强附会，没有问题，只要输入足够多的"卦辞"，机器也能说出"卦象"和因果，但要推断"有心之因"及其后果，就不那么容易了。在这里，值得关注的不是人工智能算命的可行性、可靠性甚至科学性问题，而是体现西方思维方式的人工智能及其算法如何与中国传统思维方法相互打通的问题。不管中国思维方法中是否含有迷信甚至不符合逻辑的地方，只要是人类思维，而且这种思维还具有生命力，在人类解决生存问题中还表现出一定的有效性，讨论其与人工智能和算法的关系就是一个有价值的问题。

十、遵循形式逻辑的算法与中国顿悟式思维能对接吗？

算法遵循形式化的数理逻辑，具有清晰的西方思维的特性。形式逻辑的核心特点除了定义精确的概念之外，最强调的是思维过程和环节，追求把思维和表达的每个步骤分得清清楚楚，并按顺序环环相连，缺一不可。对这种思维方法，中国学生在学习几何求证时，就已经领教过了。根据题目的初始条件，依据公理和定理，按照演绎逻辑步步推导，直到最后结论出现。今天人工智能所使用的算法，究其实质，正是这一形式逻辑和演绎推理在机器上的运用。

与西方思维方式不同，中国文化推崇顿悟，喜欢跳跃式思维，从问题直接进到结论，对推理过程以及其中的逻辑脉络，颇不在意，甚至越是没有逻辑而能得到石破天惊的结论，越是被推崇为奇思妙想、神来之笔。

中国有关鲁班的传说中，多有这样的桥段。工人建桥时，有个老人路过此地，未曾惊动任何人，只留下一块石头，也没人在意。偏偏到石桥合龙时，缺少一块石头，遍寻工地都找不到适用的。最后，有人想起当时老人留下过一块石头，拿来一试，严丝合缝，一点不差，这才想到老人是鲁班再现。

这样的故事本身充满传奇色彩，除了文学研究者，很少有人会对其深究，但在人工智能视野中，值得思考的是其中透露出的思维特征。

老人不需要设计、测量、计算，凭经验一眼就能看出最后合龙时所需石头的精准尺寸。这种没有中间环节的神技，才是鲁班作为传说人物应有的能耐。然而要求今天的人工智能来做类似的跳跃式思考，肯定会让机器人无所适从。

相信用经验和灵感来缩短逻辑推导的过程，跨越思维的各个环节，一步到位地解决问题，构成中国顿悟式思维的内在结构。它在让中国人普遍聪明的同时，也给人工智能的研发和运用留下了巨大的难题。人工智能面对人类借助小数据就能提炼成经验进而得出规律性认识，已经徒唤奈何，再要无需数据就悟出道理，获得结果，更不知从何着力。这个距离如何克服？未来人工智能可能达到顿悟吗？机器人能同中国高手坐而论禅，"谈机锋"吗？

中国文化和西方文化在认知方面有一个重大差别，即在知识积累上态度不同，结果也不同。西方之所以比较擅长积累知识，首先在于有一个方法的积累。所谓"方法"，说简单些，就是一套标准化、定量化、程序化的动作组合。

假定面对一堵高墙，需要翻越过去。西方人想到的是造一架梯子，每代人造一级，高度足够让普通人跨得上，一级级造上去，最后高达墙顶，所有人都可以借助梯子翻过墙去。牛顿成功后说自己是"站在巨人的肩上"，就方法而论，便是这个意思。

同样面对这堵高墙，中国人想的是如何通过提高自身素质，直接飞过墙去。所以，我们开始扎马步，练轻功，汗水浇灌之下，天赋异禀者终于成就绝技，腾身一跃，翻墙而过。但大多数资质平平之辈花了一辈子的工夫，还没有练成。所以，在中国文化里，有能耐飞檐走壁越墙而过的人不多，而困守墙脚下不得出入者比比皆是。

更要命的是轻功练得再好，总有限度，墙达到一定高度，人是无论如何飞不过去的。而采用造梯子的方法，一代代的人不断造下去，梯子越来越高，能越过的墙也越来越高，这才是更深层次上的知识积累。

不过，中西文化比较如果仅仅停留在这一步，显然是不够的，因为还可以再问一个问题：在肯定造梯子确实有利于普通人翻越高墙的前提下，轻功作为翻墙手段还有价值吗？甚至如果不考虑翻墙的任务，轻功本身有价值吗？

中华先人留下来的绝活还是管用的，里面包含的某些天才想象，尤其是最大限度地激发人类自身潜质的思路，恰恰是人类未来在人工智能统治时代所需要的。

十一、专注知识的人工智能与中国式道理能对接吗？

人类比计算机强的一个地方是善于从有限经历中推断规律性的东西，不知道原因，但能建立事物之间的规律性联系，比如各国都有谚语，就是日常生活经验的总结。中国在这方面特别强悍，所谓"成语"就类似经验总结，适用面还特别广。

中国有个成语"刻舟求剑"，几乎家喻户晓。说的是有一个人渡河时，不小心把剑掉进了河里，但他没有立刻下水打捞，而是在船舷刻下记号，等船靠岸后，才按照刻下的记号位置，下河捞剑，当然不可能成功。

这个成语如果用西方人习惯的数学语言来表达，就是"有两个相向运动的坐标系，对坐标系 A 上的一个点 a_1，求其在坐标系 B 上的投影点 b_1"。这道题让计算机来算毫无问题，只要给出初始条件如两个坐标系的位置、相向运动的方向与速率，还有 a_1 的坐标，一切迎刃而解。

然而，自古以来中国人使用"刻舟求剑"来说明问题时，从来不是在讲数学，而是在讲世事万物的道理，讲人应该知道世界在变动，万事万物都在变动，不能墨守成规。

要从这么一个简单故事里，悟出许多道理，大到国家治理，小到个人决策，几乎哪里都能运用的道理，算法做得到吗？在西方，无论哲学还是科学，只要是符合形式逻辑的知识体系，人工智能或算法几乎都可介入，但面对中国学问要求的"融会贯通""举一反三"乃至于"一通百通"，人工智能或算法还管用吗？

中国人喜欢讲道理，不喜欢讲理论，所以，老讲"理论是枯燥的"，反映出这个民族在文化心态上对理论近乎本能的排斥。中国人喜欢讲道理，在评价一个人时，说"这个人讲道理"，是对他的明智甚至人品给予的很高评价。反过来，要是说"这个人讲理论"，多半在贬抑他是一个学究或书呆子，只会"纸上谈兵"。

讲道理，在英语中很难表达，"make sense"听上去有点像，但中国的道理和西方的 sense 还真不是一回事。"make sense"是"合乎情理，说得通"的意思。而中国人说的"讲道理"，表面上也有合乎情理的意思，但深层次上指的是把握了天道以后对为人处世的原理或原则的遵从。

道理类似于知识但不同于知识，两者最大的区别在于知识往往针对某个具体事物或现象，带有"术业有专攻"的局限性；而道理无所不在，明白之后，可以一通百通。对此，如要深究，就不能不从中国特有的哲学概念"道"入手来推演之。

中国文化主张，世间万物产生于"道"。"道"不是天然就有的，而是从无生出来的。在"道"产生之前，世界是无，有了"道"之后，世界仍然是无，因为道不是有。道生于无，又不是有，道不是任何一物，但道能生万物。从逻辑上说，道要能生万物，就不能是任何一物。此所谓"无极生太极，太极生两仪，两仪生四象，四象生八卦"，这个过程的数学表达就是2的2次方推演。

因为道介于有无之间，有了道之后，世界就是有吗？不是，世界仍然是无，因为道什么都不是；世界仍然是无吗？不是，因为道已经存在，哪怕其他什么都不存在。如果一定要说道本身给世界带来了什么变化，以区别道产生之前世界是绝对的无的话，那就是现在的无有了名称，称之为"道"。道既不同于绝对的无，因为有名称，又不同于有，因为除了名称，道不具有任何实体性内容。所谓"道可道，非常道"，按老子的意思是，不要因为道有名称，就以为道像其他任何东西一样，是一种实体，道依然是无，有了名称还是无。

因为道是无，所以看不见，因为道生万物，万物之中都有道，或者说万物都是道的载体，所以，在万物之中都能看见道，只要观察者具有"天眼"，能够看透事物。所以，在古代中国，做学问的理想境界从来不是做一个拘泥于具体事物或现象的专才，而是做一个无所不知、无所不晓的通才。"秀才不出门，便知天下事"，因为"天不变，道亦不变"，只要把握住了道，一切尽在掌握之中。《三国演义》开篇用一句话，说破了中国数千年的历史轨迹："话说天下大势，合久必分，分久必合。"一个小说家让多少历史学家望尘莫及！

如此玄妙的境界犹如飞檐走壁的轻功,普通人当然达不到,即便高人能达到的也只是对道在万物中的表现加以发现和领悟。

道理应运而生。

所谓"道理"就是道在万物上的显现,如同岩壁上呈现的"矿脉"。"理"就是"纹路"的意思,是道所露出来的蛛丝马迹。中国人对世界的认知思路是从具体事物所显露的痕迹,来领悟道本身,一旦达到对道的把握之后,就可以将个人领悟用于其他任何事物,从而实现"一通百通"的目标。"道理"也就是得到大家公认的对道的把握。

由于无论道的显露,还是人通过研究道的显露而获得的对道的领悟,都不是道本身,所以"道可道,非常道"的第二层含义是,人对道的领悟,不是道本身。道理不是人类可以一劳永逸地加以把握的,这与西方的知识完全不同。如果知识要求确定性,那么道理天然具有不确定性;如果知识具有超越个体的特性,那么道理天然带有个体特性;如果知识带有绝对性,那么道理天然带有相对性;如果知识带有普遍性,那么道理天然带有特殊性。总之,知识和道理虽有相同之处,但更有不同的地方,中国道理观与西方知识观分别源自完全不同的认识论!

由于这些特点,中国基于道理的认识论既使得知识积累十分不易,同时也使得中国人在理解甚或领悟已有知识时,十分容易。

改革开放40年来,中国的科技发展很快。这个"快"就来自中国人善于学习,别人的东西拿来看看,"原来是这个道理",马上明白,明白之后,即刻仿造,一路就这么走了过来。走到现在,发现能仿造的差不多都仿造过了,有一些看了也不会,再要发展,只有原创。现在的问题是,在原创时,中国式的道理观有用吗? 能让中国在掌握"理论"之后，因为还有"道理"，可以走得更快吗？更重要的是，在本书的语境中，道理能进入人工智能和算法之中，从而使得"懂道理"或"讲道理"成为新一代人工智能的特征吗？

在西方的知识和方法积累的梯子上，中国拔地而起的"轻功"还有用武之地，还能构成中国人科技创新的有力借助和独特优势吗？

十二、专注于处理现象的人工智能与致力于透视表征的中国思维能对接吗？

人工智能中学习的源泉是现象，而中国文化关注的是表征。现象是可感知的，表征是不可感知的，"见人所见"的图像识别与"见所未见"的中国文化特征能相容吗？

在中国，有的人喜欢吃橘子，但吃后容易上火，出现嘴唇开裂等症状，不吃，又舍不得。懂医道的人会建议，改吃橙子，口感差不多，但不会上火。因为按照中医的说法，橘子性热，橙子性温，热的容易上火，温的没事。可是，这个热与温同人体可以感知的温度根本没有关系。给人一杯水，冷热当下立判，但橘子的热、橙子的温，只有懂中医的人知道，绝不是用温度计测量出来的。更奇妙的是，在中药里，人参是大补元气之物，未经加工、简单晾干的叫白参，性温，经过糖渍等加工的，叫红参，性热。药材本身有药性，加工还能改变药性。

热也好，温也罢，按照中医的说法，都是表征，简单来说就是符号或者标签，可以用来指示食物特性或人体体质，但无法直接感知。"伤寒"之人不定正在发烧呢。这是中国思维同西方思维的又一个重大差异所在。

热、温是表征，不是现象。现象是人可以通过器官感知的，表征则需依靠思维来把握。现在计算机的图像识别所感知的都是现象，而中医讲的是表征，肉眼看不见。穴位、经络、气血都是看不见的，看见的只是表征。

中国文化有"五行之说"，金木水火土，世界万物不出这五个范畴。一瞥之下，好像同古希腊或波斯文明以某种自然物作为世界本原没有什么区别，其实不然。在中国文化里，金木水火土不是世界本原，只是世界万物的表征。中国人既然已经把道视为世界本原，怎么会把由道所生出来的任何东西看作世界本原呢？要是有人真认为中国人没有逻辑，那只要看看老子在《道德经》里如何定义"道"，就可以知道自己错到哪里去了。

老子在界定"道"的时候，根本不采用西方人习惯的内涵式定义，而是采用了通常被视为"没有逻辑"的否定式枚举法，道既不是这个，也不是那个，总之什么都不是，却没有说是什么。这样的定义方式当然受到后人尤其是西方人的诟病。说人不是牛、羊、马，不是凳子、椅子、桌子，也没错，但谁能由此搞清楚人到底是什么？一则世界上的东西无穷多，能枚举完吗？二则就是枚举完了，知道人不是任何一样东西，仍然不知道人到底是什么东西。这样做对于人的认知，能带来多少新的知识？

然而，在懂逻辑的西方数学家眼里，老子的思维逻辑极为缜密，洞悉了世间一切都可以采用内涵式定义，唯有"道"不可以。因为道不是万物中的任何一物，而是万物的唯一来源，所以道不能用定义物的方式来定义。这就是"道可道，非常道"的第一层含义：道原是空无一物的无，有名而无实，如何承载得起一个定义？给"无"下定义本身是一个词语矛盾，只是因为不下定义人类无法讨论，所以勉为其难给个名称，还想要再多，那就过分了。除了名称，什么都没有，除了有名称，其他什么都同已有事物不一样，这是道的本来面目！

知道了中国人的思维逻辑，再去看中国的五行，就容易理解了。五行只是中国人为了在世界万物之间建立关联而设计的一套运演符号或曰范畴。任何一种事物被归入五行之一，比如水，不是说就源自水，而是说该事物同分属于土、木、火、金的其他事物之间，具有了相生相克的关系，既有金生水、水生木的相生关系，也有土克水、水克火的相克关系。大到朝代更替，小到人的身体，都是一套五行相生相克关系的运演。

明白了五行只是运演关系，而不是什么世界本源，再去理解中医的思路就相对容易了。西医关注实体变化，主张治病；中医关注关系协同，主张治人。所谓"调理"就是把病情视为内部关系失衡的表征，通过施药等外在干预，恢复人体内部的平衡。

比如说，病人肝不好，在西医，主要关注如何治疗肝本身，而在中医，只把肝的表现看作表征，病因仍在于各脏器功能关系的失调。按照五行与五脏的对应，肝属木，心属火，脾属土，肺属金，肾属水，病情虽然见之于肝，但治疗时绝不能"头痛医头，脚痛医脚"，只在肝上做文章。

所以，病发于肝，但因为"水生木"，病因可能在肾，可以通过提升肾的功能来养护肝；同样，因为"金克木"，病因也可能在肺，可以通过抑制肺的功能来扶持肝。以此类推，因为"木生火"，病因可能在心，因为"木克土"，病因可能在脾，可以通过调节心或脾来避免伤肝。按照这样的思维逻辑，针对某个脏器的病情，可以调动其他脏器的功能,最终恢复身体内部的平衡,这就是中医强调的"调理"与西医强调的治疗的根本区别。中医用药不主张用"单方",而用复方,且各味药之间需要形成"君臣佐使"的结构关系,除了平衡药性之外,还考虑到了分别作用于不同脏器,才能收五行调适、阴阳平衡之效。

如此解释中医及其调理的思路当然难逃简单粗疏之嫌,但至少部分反映了中国文化借助表征来发现关系的思维方式及其基本理路。现在的问题是,要习惯于认知实体的人工智能转而认知关系,其中是否存在困难,难度多大,是否需要方法论或认识论上的调整？而在这个调整中是否隐藏着新一代人工智能开发的切入口？

十三、作为人工智能基石的图灵机与中国文化的"发现逻辑"能等价吗？

在中国文化中,最有潜力可以依托有效性而同西方文化对话的就是中医中药。这种对话与其说是中国文化面对西方文化做自我申辩,毋宁说是中国文化向西方文化的提问,而且至今西方文化未能对中医中药代表中国文化提出的问题做出有效回答。

中国人相信吃什么补什么,这没有什么了不起,许多原始部落的成员也有类似信仰,但中医用吃羊肝来治疗"夜盲症",却十分了不起。按照西医的病理,"夜盲症"起因于人体缺乏维生素 A,而羊肝富含维生素 A,所以吃羊肝补充维生素 A,可以治疗夜盲症。但中国人在西风东渐之前,根本不知道维生素是什么,更不会提炼什么"素",只有基于归约主义、偏重分析的西方思维才倾向于发现各种纯而又纯的要素。那么中国人又是怎么发现吃羊肝可以治疗夜盲症的呢？

吃羊肝以养眼，经过了两个思维环节，第一个环节是从人肝到人眼，因为在中医里，眼睛与肝相联系，"肝开窍于目"，夜间视物昏花，不是眼睛本身的问题，而是肝不好的表征，所以治疗眼病需要从调理肝的状态入手。

按照中医，五脏是人的内部器官，轻易不得见，"开胸验肺"肯定会伤害病人，不要说在古代，就是在医疗技术发达的当代，也不具有可行性，否则西医不会发明那么多的"片子"。更重要的是，中医所说的五脏首先指的不是解剖学意义上的器质性实体，而是功能团，且不只是对应于某个脏器的功能团，而是不同脏器相关功能的集合。对于这样的功能结构，即便"开胸"也无法验视，因为根本看不见。

为了解决看不见但又必须能被观察的问题，中医发现了五脏对外开设的"窗口"，即五官所对应的"窍"。除"肝开窍于目"之外，还有"心开窍于舌，脾开窍于口，肺开窍于鼻，肾开窍于耳"等说法。实际上，就是把人的五官症候看作五脏病情的表征。

既然表征在目，病因在肝，那么根据吃什么补什么的原理，吃羊肝就顺理成章。到这里，吃羊肝以养眼的第二环节浮现出来了。

显而易见，吃什么补什么，非常容易被人看作"巫医"的遗痕，背后是古代世界普遍信仰的"万物有灵论"。但中医虽然不能说不具有远古基因，但简单将中医与巫医相等同，那只能说是皮相之论。中医"吃什么补什么"背后存在着明确的"缘思维"。

在第六章中，我们曾在预测的范畴内，对缘思维略做了介绍，这里再做进一步的展开。西方因果思维强调"前因后果"，属于"历时性范畴"；而中国强调"缘分"，属于"共时性范畴"。茫茫人海，浩瀚宇宙中，你我素昧平生，何以在某个场合遇见，冥冥之中是否另有定数，受某种神秘力量的牵合？"百年修得同船渡，千年修得共枕眠"，若非这份缘，怎么走到了一起？

如果把时空意义上的缘作进一步拓展，凡是具有共性的事物之间，同样存在缘。比如，人脑的外形为什么同核桃仁的外形一样？人的头发为什么跟黑芝麻的颜色一样？两者自然存在联系，存在缘分，存在一者补全另一者的作用。

西方思维有一个重要的分析框架，叫作"现象与本质"。世界是可以感知的，但人类感知到的只是现象，不是本质，因为事物外在于人类，人的认识与事物之间总隔着一层，这就是康德所谓"物自体"概念的内涵。作为事物真实存在的本质不可能通过观察等感知手段来认识，只能借助理性思维，通过分析来把握。

但在中国古人看来，现象就是本质。每一种事物之所以长成这个模样，总有道理，世间万物中为什么有些东西的外形或颜色会相同或相似，也总有道理。所以，仅凭外形或颜色一样可以判定两者之间具有共同性，"吃什么补什么"，不但是一种信仰，更是一种得到理性证明的原理。

由于中国文字的视觉特点，缘思维还可以通过文字语言，得到进一步拓展。中医中有一味药材叫通草，用于利尿。通草实为中空的草茎，因为中空可以用作导管，如果用作物理学意义上的引流器械，即导尿管，没有任何费解的地方。但在中药里，通草却是"煎服"，即煮来喝汤，这就奇了怪了。西学意义上的"物理性质"转变为"生化性质"，机理何在？

不只是在中医里，就是日常生活中，不同科学领域里的事物或现象，按照中国缘思维，随时都可能被牵连在一起。脍炙人口的荀子名句"冰，水为之而寒于水，青，出于蓝而胜于蓝"，就是将物理性质和化学性质附会在一起。对如此做法，中国人从来没有违和感，因为接受了缘思维。

中国的缘思维当然很难在现代科学意义上得到论证，就像中医很难在西医学科范围内得到认可。对于人工智能来说，缘思维带来的挑战是多方面的，其中最大的挑战可能纯粹是数量上的。尽管人工智能素以分析海量数据见长，但中国的缘思维天然的"沧海一粟"取向，要在茫茫人海无垠宇宙中找到"千年修得的缘分"，由何想来，从哪里做起？

因为找不到，所以要批判。问题是，批判中医是容易的，只要坚持西医的"实证方法"。中医仅仅一个无法被感知，即无法被感觉器官所知觉，就失去了成为科学的资格。然而中医不但在医疗上确有成效，还有自己的理论体系，虽然不无漏洞。我们可以拒绝"吃什么补什么"作为普遍有效的认知原理，但仍可以通过逻辑再现中医如何想到吃羊肝而补人眼的思维过程，找到其中中国式认知世界的智慧。

以屠呦呦为代表的中国科学家发现了青蒿素，并因此获得诺贝尔奖。有人认为这不是中医的成功，因为中医推崇复方，不喜欢用单方，何况青蒿素这种纯粹化学性质的药物之制备方法和用药方式，更像西医，不像中医。这样的说法貌似有理，其实毫无逻辑。青蒿素同中医的关系，首先需要考虑的不是药物的形态或性质，而是要看药物的发现逻辑。

当年中国和美国为了解决越南丛林中军人深为疟疾所苦，而原来的特效药金鸡纳霜却因疟原虫的抗药性几乎失去效力的问题，分头研制新型抗疟药物。据说美国科学家尝试了30万种动植物、矿物，希望从中发现具有治疗作用的化学成分，结果一无所获。

相比之下，中国科学家更为幸运，因为在祖国医学典籍的记载中，治疗疟疾的药方中有青蒿这味药，这一下子缩小了中国科学家的搜索范围。开始时，科学家采用高温提取有效成分的制备方式，但药效不够理想，无法满足需要。关键时刻又是古代智慧提供了线索。青蒿的用法不是水煎，更不是炮制，而是水浸，以浸出的青蒿水入药。受此启发，课题组采用低温提取的方法，终于成功研制出青蒿素，不但解决了战场减员的难题，而且造福亿万民众，屠呦呦因此获得诺贝尔医学奖。

如果不是古代医家发现青蒿，屠呦呦等人如何大海捞针，找到这一味药？如果不是古代医家发现青蒿的药效在低温状态下才发挥良好，屠呦呦等人如何想到低温提取？这里真正有价值的问题根本不在于用中医的汤剂还是其他方式，而在于中医发现的逻辑到底何在。"神农尝百草"，中药真是靠一味味尝出来的吗？从逻辑上就可以知道不可能，没有一定的演绎推理，如何确定该尝哪些药？该用什么方式制备？中医中药的发现逻辑才是中国文化最有可能贡献于人类文明的宝贵成果，尤其在人工智能时代！

如果说无论西方还是中国，人类的发明根本上只是发现，发现自然界原本就存在但需要人来实现的事物或规律，那么西方主要通过感知的方式，即运用感觉器官才得以发现，而中国主要通过感悟的方式，即通过表征的途径，发现感官无法把握的事物或规律。只要所发现的事物或规律确实存在，并对解决人类问题有效，就没有必要争论到底用还是不用感觉器官更加合理。相反，在肯定西方使用感觉器官获得的科学知识和创新成果包括人工智能的长处的同时，更有必要思考不借助感觉器官而获得发现的中国思维方式的长处，从而找到中国文化对新一代人工智能发展的突破性价值。

这就是说，中国人通过表征思维，看到了其他文明中人看不见的东西。显然，今天的机器人还做不到这一点，而且只要人工智能仍然在今天的路径上继续发展，未来也不一定能做到这一点，因为就在这里隐藏着对图灵计算理论的一个挑战：对可以言传的智能，图灵计算没有问题，可以言传就能打纸带，但对于只能像"说文解字"那样意会的智能，图灵机没有纸带可打，而没了纸带，图灵机怎么计算？

不能与图灵机等价，人工智能路在何方？

不能与人等价，图灵机路在何方？

要让人工智能用中国的思维方式认知世界，世界需要一台"机器中国人"，这将是人工智能的一个奇迹！

这里刻意区分"机器中国人"和中国造的"机器西方人"，不是为了标新立异，更不是为了挑起两种机器人对垒，而是希望在人工智能未来发展中找到一个新的突破口。在人类思想领域，问题的提出永远比问题的解决更有价值。尽管西方有谚语："一个傻瓜提出的问题，100个聪明人也回答不了。"但要是聪明人提不出问题，那只能证明其聪明不到哪里去。

提出问题，保持问题的开放性，确保人类未来的探索空间，在人工智能时代，这是具有最大战略价值的贡献，中国文化有这个潜力！

人工智能时代呼唤机器中国人！

人工智能新时代期待机器中国人！

结　语
人工智能何时迎来"量子称霸"？

随着量子技术崭露头角，传统计算机和依托传统计算机的人工智能，正迎来量子时代。一旦量子计算机成熟并得到普及，量子人工智能随之诞生，在计算速度呈指数级提高的情况下，21 世纪的人类将承受颠覆性冲击，智能机器人超越人类的"奇点"时刻，有可能提前到来。

曾几何时，量子力学在迷倒物理学家的同时，也难倒了其他领域的"门外汉"。有一张搞笑图片，调侃读者在阅读量子力学时，把书拿颠倒了也不自知。笑声未停，媒体频频传出消息，中国在量子通信和量子计算领域又有爆炸性成果。

2016 年 8 月 16 日，中国成功将世界上首颗量子科学实验卫星"墨子号"发射升空，通过量子密钥分发和卫星中转，实现了可覆盖全球的地面与卫星之间的量子保密通信，天地一体化的量子通信与科学实验体系初露端倪。

2017 年 5 月 3 日，中国科学技术大学教授、中国科学院院士潘建伟教授以首席科学家身份在上海宣布两个同量子技术有关的最新消息：成功研制世界首台超越早期电子计算机的量子计算机；成功实现10比特的超导量子纠缠，创造了世界记录。

在初学者看来，量子力学是一门艰深难懂的物理学基础课，因为它颠覆了自牛顿以来已成为"天经地义"的定律甚至规律，同常人的生活经验发生直接冲撞。但在科技应用领域中，量子力学走向应用则对计算机、保密通信等产生了明显的推动。今天量子技术的前沿发展犹如世界杯赛场上的前锋，一路盘带，越过阻拦，球门近在眼前，就待起脚劲射……

人类已经来到量子智能时代的入口！

一、量子计算机从何而来？

量子计算机不只是理论上的存在，也不只是实验室里的中试样品，更是个人可以体验的现实。

多年前，IBM 公司就推出了 5 比特的量子计算机，通过网站向全世界开放，任何人都可以通过一个简单的软件接口对计算机进行访问。当然，因为尝新者众，需要排队。

今天，量子力学是量子计算机的核心，更是现代科学的基础部分。回溯一个多世纪前，20 世纪到来的前夜，原本被视为"无可辩驳"的经典物理学却遭遇重大挑战，"两朵乌云"的出现意味着经典物理学体系被撕开了巨大缺口。在应对挑战、破解问题的过程中，玻尔、薛定谔、海森堡、狄拉克等一批伟大科学家以石破天惊的原创思想和无与伦比的学术成果，为量子力学的诞生奠定了坚实的理论和实验基础。有这些天才科学家，才有了两次量子革命。

1927 年第五届索尔威会议原本只是物理和化学领域中一个三年一次的例会，却因为爱因斯坦与玻尔的激辩及其重大而且深远的影响，注定成为现代物理学史乃至自然科学史上不可磨灭的里程碑。会议留给世界一张照片，广泛见之于各种专业和科普杂志，让后世得以穿越时空见证大会盛况。照片中，大师巨匠济济一堂，在后世的眼里，获得诺贝尔奖几乎成为躬逢其盛的入门线，爱因斯坦、玻尔、玻恩、薛定谔、海森堡、狄拉克等赫然在列。

正是在这一年，量子力学确立了学术地位，并在产业界引发第一次量子革命，催生出半导体物理包括现在的微电子工艺技术，现代计算机呱呱落地，信息科学、材料科学和生命科学由此向前迈出一大步。

在整个 20 世纪里，自然科学保持着高速发展，许多传统理论被颠覆了，但大师们提出的作为量子力学框架的五大假设没有被证伪。微观体系的波函数描述、薛定谔方程、态叠加原理、量子测量，以及波函数塌缩和全同的多粒子体系波函数对称性等都是假设，至今共同支撑着量子力学的理论穹顶。

现在正如火如荼发展的以量子调控技术为代表的量子信息科学，只能算第二次量子革命，时间虽然不长，但也结出了累累硕果。量子信息、量子计算、量子保密通信和量子计算机相继问世，量子技术的发展前景一片光明。

简单说来，量子力学是量子计算机的操作系统，同 Windows 对传统计算机的重要性有得一比。进入 21 世纪以来，量子力学、量子信息、量子计算机，一片红火，蓬勃发展。1997 年、2001 年、2005 年、

2012 年这四年的诺贝尔物理学奖都授予了与量子力学相关的量子光学、冷原子物理和量子信息领域的科学家。特别是 2012 年，该奖项授予了单个量子系统的操控和腔量子电动力学。现在，对量子态的操控进入了单量子层面，一个原子、一个光子、一个电子都可以按单个进行有效的、相干的操控。这标志着科学家在量子计算机研发上又跨出了重要一步，因为仅从技术上考量，量子计算机的前提就是单个量子态的精准操控和制备。

作为物理学理论范式的量子力学，其发展主要有四个方向：一是量子力学的基础问题及应用；二是量子计算机的科学问题；三是量子信息理论；四是量子密码学。四方面研究的交叉结合，孕育出量子控制、量子时钟、量子传感器、量子模拟、量子计算和量子人工智能。

量子力学与其他学科交叉正促成新的领域和新的工作！

二、量子力学何以既令人兴奋，又让人挠头？

量子力学虽然为科学技术带来了革命性改变，产生了看得见的成果，但其本身却晦涩深奥，还在哲学层次上提出有悖人们生活经验的种种问题，至今困扰着公众甚至专家。一个人不懂量子力学，是正常的。

溯其源流，量子力学研究有三大学派：

一是只关心实验结果的实验派，主要代表有布拉格、康普顿等人。到目前为止，仅从实验结果来看，量子力学关于微观世界的描述是正确的。

二是哥本哈根派，主要代表有玻尔、玻恩、海森堡等人。他们提出了互补性原理包括因果性决定论，引入了概率波振幅的概念。

三是哥本哈根派的死敌，其代表人物是爱因斯坦。以对手的名字来命名学派，也是一绝。爱因斯坦的一句传世名言"上帝不会掷骰子"，反映了他对量子力学和客观世界的看法，从内心深处，他不相信量子力学的描述是完备的。问题是，爱因斯坦既不是上帝，也不认识上帝，他关于上帝的断言只能是一种无法证明的信仰。中国古人不知道量子为何物，但知道"子非鱼，安知鱼之乐"的道理，玻尔回答爱因斯坦的，大致就这么个意思。

作为量子力学的最大质疑者，爱因斯坦与自己的博士后罗森、研究员波多尔斯基合作，提出了"EPR 佯谬"。E 是爱因斯坦的名字缩写，P 是波多尔斯基的名字缩写，R 自然就指罗森。爱因斯坦等人试图用思维实验来批判量子力学的不完备性，未曾想歪打正着，"EPR 佯谬"引发了贝尔不等式及其实验检验，激发了量子力学新理论、新学派的形成和发展。更没想到的是，近年来的实验结果证明，爱因斯坦错了，但"EPR 佯谬"却持续引起工程师对量子纠缠的兴趣，阴差阳错，构成如今量子保密通信重要的理论和技术基础。

科学界从大自然感染了特殊的幽默感。提出"EPR 佯谬"的本意是从哲学角度批判量子力学，结果却被用于量子保密通信。这似乎仅仅为了说明，伟大人物就是与众不同，好不容易犯个错误，也是伟大的错误！

爱因斯坦还有一句名言，同样富有哲学意味：在你不看月亮的时候，月亮还是这个样子吗？在量子力学的意义上，这句话的意思是，人看月亮，就是对月亮进行测量，而测量会导致月亮的波函数塌缩，所以，只要被人看一眼，月亮就不是原来的月亮了。这个比喻是爱因斯坦作为反讽提出来的，不可当真，但作为量子力学基本问题的测量问题，始终是令人遐想的论题。更重要的是，由此引申出来的命题——"参与决定系统"，带来了更为广泛而且深刻的哲学影响。

只要稍知量子力学，没有人不知道"薛定谔的猫"，那只既生又死的猫。其实，这只是薛定谔设计的一项思想实验。假定现在有一个开关，在宏观世界里，开关要么处于开，要么处于关的状态，两者必居其一。但在微观世界里，按照量子力学的叠加态原理，开关可以处于开和关两个状态的叠加，也就是既开又关的状态。

现在设想一下，一只猫被关在一个密闭无开口、甚至连缝隙也没有的盒子里，边上放着一些放射性物质和一个毒药瓶。随着放射性物质衰变，到时有一个装置会驱动锤子砸碎毒药瓶，将猫毒死。而只要放射性物质不发生衰变，猫便能活下来。按照量子力学的原理，人只要不打开盒子去看毒药瓶，瓶子就处于开和关两个状态的叠加，由于猫的死活取决于毒药瓶是开还是关，所以只要人不打开盒子看猫是死还是活，猫也就处于既死又活的状态。这就是著名的"薛定谔的猫"。这是用微观原理推导宏观现实必定出现的"佯谬"，其价值是在宏观尺度上对量子态叠加做了形象的诠释。

一切比喻都是蹩脚的，"薛定谔的猫"同样如此。量子世界允许叠加态，并不等于宏观世界也可以观察到叠加态。实验证明，一个光子可以同时穿过并列的两道缝隙，但足球场上，运动员一次射门不可能同时射穿并列的两道球门。牛顿所代表的古典理论与量子力学各有自己的"定义域"，靠比喻来打通两者，或许有助于初学者理解量子力学，但要信以为真，可就上大当了。为量子力学大师科普所迷惑，忘记了微观世界与宏观世界之间那道现实壁垒，自以为随时可以穿墙而过，结果撞破了头还不知道撞在哪里，是哲学爱好者频频遭遇的尴尬。

学习量子力学关键在于把握两点：其一，量子力学的波函数是用概率波振幅来描述的；其二，量子力学的最重要特性是态叠加原理。对于量子计算机包括正在发展的量子人工智能来说，态叠加原理具有尤为深刻的、决定性的作用。

三、量子计算机的历史意义何在？

谈论计算机言必称摩尔，而现在计算机界面临的一个大问题，恰恰是摩尔定律遭遇越来越严峻的挑战，呼唤新技术的声音日趋响亮。

摩尔预见，在价格不变的情况下，集成电路上可容纳的元器件数目每隔 18～24 个月增加 1 倍，而性能也提升 1 倍。换言之，每 1 美元所能买到的电脑性能，将每隔 18～24 个月翻 1 倍以上。今天小小的手机在计算速度和其他主要性能上，早已远超形同小房子一般的早期计算机。计算机越做越小，芯片集成度越来越高，运算速度越来越快，既在不断验证摩尔定律，也在逼近摩尔定律的边界：在现有技术思路下，芯片可能无限小、性能可能无限高吗？

芯片小型化既是优势，也是挑战。体积过小之后，一是量子的尺寸效应开始显现。比如，芯片越做越小，但半导体器件之间不能无限接近,否则一旦发生"隧穿"等量子效应,就会出现弹道输运、短沟道和载流子在源漏之间直接穿通;二是电子流经的通道越狭窄,发热现象越严重,芯片散热不良的问题会越显突出。当下,这已构成传统计算机进一步小型化的两大瓶颈,迫切等待解决。

"山重水复疑无路,柳暗花明又一村。"摩尔定律面临的挑战不可能在摩尔定律得以确立的技术框架内解决,只有借力新技术,才能打开新局面。

量子计算技术代表着走出摩尔定律的可能方向和可行路径。

最简单的量子计算模型很简单。一个由二能级组成的量子比特,如果用经典物理学来描述,必须处于 0 和 1 两个状态中的一个,不是 0,就是 1,由于一个比特只有一种状态,所以总共只有两个自由度。而在量子世界里,存在态叠加,所以,一个量子比特的状态是 $C_1|1\rangle$ 和 $C_2|1\rangle$ 的态叠加。从数学上讲,一个量子比特可以用这两个复数描述,而且每个复数各有一个模、一个相位,合在一起就是四个自由度,其数学表达是包含四个元素的 2×2 矩阵。

把这个原理应用到计算机上,差异就产生了。传统计算机只能储存 0 和 1 两个信息,而量子计算机同样储存 0 和 1,但因为可以叠加,所以一个量子比特可以存储四个信息。以此类推,n 个量子比特就有 2^n 的信息。由此可知,50 比特的量子计算机就有 2^{50} 的信息处理能力,即相当于每秒 1 000 万亿次的浮点运算!

量子信息和量子计算的强大根本上源自态叠加原理。

现在人们关心的是,这种量子比特,0 和 1,1 和 0,到底由哪些物理现实组成?概而言之,超导回路、囚禁离子、硅量子点、拓扑量子比特、金刚石空位等,都可以做量子计算机,事实上也确实有许多科学家在研究这些东西。

从理论上讲，量子计算机肯定会超过传统计算机，但目前的问题在于量子计算机的物理实现用到了电子、超导、光子甚至钻石。在这样的体系里，尺寸缩小，耦合容易，但退相干时间增加了，因为存在很多"噪声"，也就是同信息处理无关，却会干扰信息处理的多余信息。最要命的是，这些噪声的影响是量子计算机自身无法克服的。要做出一个 100 量子比特、1 000 量子比特的高保真量子计算机，首先需要破解的是系统冷却，其次是可调谐的耦合，最后是退相干的影响。为什么新近问世的量子计算机几无例外都要用到低温技术，部分原因就在这里。

不管怎么说，早在 2000 年，第一台商用的超导绝热量子计算机就已经问世。近年来，IBM 公司又宣布成功构建了 50 个量子比特的原型机。这说明技术难题犹在，但突破的希望就在眼前。

四、量子计算机会带来人工智能的革命性改变吗？

图灵奖得主、清华大学交叉信息研究院的创办者姚期智说过："我们已经到了量子时代的最后一公里。"目前世界上已知的量子计算机分别有，D-Wave 研制的世界上第一台商用量子计算机，IBM 研发的 50 比特量子计算机，Google 宣布已经造出了 72 比特的量子计算机。在中国，中科大和阿里巴巴投资建造了 11 比特的量子计算机。不妨想象一下，一台台式机电脑大小的量子计算机，就能够达到今天最先进的中国"天河一号"超级计算机的计算能力。因此，量子计算机的发展成功将大大助力人工智能的爆炸式发展。

据报道，大众汽车和 D-Wave 量子中心的科学家第一次用量子人工智能，解决北京交通流的优化问题。技术开发重要，基础研究也重要，大众公司聘用了许多科技人员专门研究基础问题，然后将成果用于技术创新。用量子计算机破解交通流问题就是其中之一，所用的方法被称为"量子退火"。

交通流问题的实质是最优化问题，即找到局域化的最小值。形象一点说，用传统的方式来寻找最小值就像翻越一座山，耗时费力，而量子退火的算法犹如在山体中打一个隧道，可以大大缩短距离，提高达到最小值点的效率。量子退火算法依托量子力学原理，其运算速度在理论上是有保障的。

无独有偶，大众公司还与 Google 和 D-Wave 公司合作，使用量子计算机研究电池组件化学结构的模拟计算，研发性能更好的电动汽车电池组。目前这类研究只是量子计算机的初级商业尝试，在未来的商业开发中还有更大的施展空间。

现在国内外许多科学家通过把量子计算机和人工智能结合起来，以优化理论为框架，致力于实际问题的解决，而其中用到的主要方法就是量子退火算法和量子绝热计算等。

此外，利用态叠加原理实现量子计算，也就是把原来因为过于复杂而无法用传统计算机来破解的 NP 问题，变成可解的 P 问题。比如金融行业经常用到大数分解，即把一个非常大的数字分解为两个素数。如果用速度为每秒万亿次的传统计算机来做，大约需要 15 万年的时间，而用计算频率同样也是万亿次的量子计算机，只需 1 秒钟。量子计算机在并行运算的速度和能力上具有无可比拟的优势。

人工智能离不开大数据挖掘和机器学习，而量子技术能让计算机以指数形式提高学习能力和计算速度，轻松应对大数据的挑战。

与量子计算机配套的是量子算法。1994 年，贝尔实验室的科学家彼得·肖尔（Peter Shor）提出了第一个量子算法，用于大数因子分解，被证明很有效。大数因子分解是支付宝公开密钥体系 RSA 安全性的依据。1997 年，格罗弗（Grover）发现了另外一种量子算法，传统计算机需要 1 000 年破译的密码，换用格罗弗算法，不到 4 分钟就可以解决问题。1998 年 D-Wave 提出的量子退火，就是大众公司用来解决交通流问题的算法，到目前为止，传统计算机还无法采用这个算法，因为计算量太大。

量子计算机的运行离不开矩阵计算。人工智能研究所面对的很多问题本质上都是矩阵问题，而量子力学计算机由量子系统的物理实在构成，遵循薛定谔方程，天然就有解决矩阵计算的能力。这里涉及另一位物理学大家费曼 1982 年提出的"量子模拟"思想。

当下量子计算机在两个方向上尤为业界所重视。其一是模拟量子系统。材料领域、量子化学和药物发现等研究需要大量数据资源来模拟量子系统，可以直接使用量子计算机。因为分子和原子系统天然就是量子尺度的，微观世界的法则遵循薛定谔方程，而不是牛顿方程。用一个借助薛定谔方程做出来的软件，运行一个受薛定谔方程支配的系统，堪称绝配，运行速度自然极快。计算两个分子的运动，在传统计算机中需要花很长时间，交给量子计算机，1 秒钟就可以得到结果。

其二是用于互联网公司的运算，比如机器学习的提速。基于量子硬件的机器学习算法，可以加快算法的优化、提高优化的效果。原来人工智能的机器学习现在改称为量子机器学习，其核心就是根据态叠加原理，利用量子力学本身的比特相干性来提高运算速度。

五、量子人工智能的首要目标是什么？

量子人工智能的发展需要面对各种挑战，但首要目标已经明确，那就是"量子称霸"。

"量子称霸"的操作性定义是：一台操纵 50 个微观粒子的量子计算机，对"玻色取样"这类特定问题的处理能力可秒杀目前最强大的超级计算机。如果操纵 100 个量子，其计算能力能比目前最强大的超级计算机快百亿亿倍。如果做到 1 000 个量子以上，科学家也许就可以研究意识是怎么产生的，从而催生出强大到无法想象的人工智能。现在，有科学家在研究量子人工生命，希望用量子计算机来探究量子层面细胞如何演化。各科技大国都在围绕这一课题进行攻关。

量子计算和经济也有关系。现在世界上所有技术领先的国家，都有这方面的创业公司。IBM、Google、Intel、D-Wave、Rigetti 等研制出了不同的量子计算机及云端量子计算平台，并开发系统和软件。在浙江云溪，阿里巴巴等企业正与中科院和高校合作研制量子云计算，华为也开始研发量子科学技术。

整个国际态势是，欧盟和英国在搞量子通信、量子计算与模拟，还有量子设计。在美国，IBM 公司正着力开展未来芯片研究，

Google、美国航空航天局都成立了量子人工智能实验室，致力于促成"量子称霸"的目标。近期，美国将立法启动一个为期 10 年的国家量子计划，侧重于三个方面的技术攻关，即用于生物医学、导航和其他应用的超精密量子传感器、防黑客量子通信和量子计算机。

"量子称霸"说复杂很复杂，说简单也简单。理论上，只要研制出一个稳定的 50 比特量子计算机，就代表量子称霸时代的降临！

六、量子称霸，谁该称王、称后？

"量子称霸"说得准确些，是指量子计算在计算机领域的称霸，而计算速度并不是决定人工智能智力水平的唯一因素。毫无疑问，更快的计算有利于智能机器更好地完成各项任务，甚至实质性地扩大其工作范围，"有了 1 000 比特的量子计算机，或许就能研究人类意识的产生"，未必就是虚言。但在人工智能发展上，单纯追求计算速度仍然属于"外延式发展"，要真正实现"内涵式发展"，还需要借助脑科学的进展。

既然人工智能从诞生起就以人的智能为参照，而人的智能首先是大脑的功能，那么在对人的大脑尚且认识有限的情况下，如何能提高机器的智能水平？所以，量子欲称霸，还必须有脑科学研究的重大进步，才能让量子计算机的计算速度有更大的用武之地。

"我们可以探索数光年之外的宇宙，但对我们两耳之间 3 磅重的大脑知之甚少。"这一想法推动美国前总统奥巴马启动了"推进创新神经技术脑研究计划"。

就像中国正大力开展量子研究一样，在脑科学领域，科学家也在

不断深入学科前沿，中国在 2014 年就启动了重大科研计划"成体神经
干细胞的命运决定机制与功能研究"，主攻方向是人脑前额叶皮层这
个人类智能活动的物质基础及其内在机理。弄清楚人类用来思想的
脑细胞，才能弄清楚思维到底是如何实现的，未来才能发现新的人工
智能和新的人工智能算法模型，1 000 比特的计算速度才能如鱼得水，
称霸世界。

我们相信，未来世界包括人工智能领域将更多受惠于量子力学
及其衍生技术，哲学观的改变和优化是一切技术优化的先行者，尤
其在科学几乎主导了人类思想的时代。但无论是量子力学、计算
机，还是人工智能本身，都是人脑的产物，认识人脑，认识人类自己，
认识人类认识自己时所用的大脑，永远是人类实现自我提升的根本
标志。

随着脑科学的进展，一个新的问题可能浮现：作为人类共同大脑
的不同功能表现，文化对智能的影响是否已经得到足够的认识？人
类智能不仅是大脑的功能，还是文化的表达，而一旦脑科学证明文化
具有脑结构依据或器质性基础，人类智能的原理就可能改写。到这
个时候，偏重于从脑功能的结果来模拟人类智能的人工智能机器基
石——图灵机会不会遇到挑战，真的碰到我们通过"机器中国人"的
比喻而引出的遐想，"图灵机无纸带可打"？

反过来，在量子计算和脑科学最新成果的支持下，一旦研究"人
的意识是如何产生的"成为现实，文化差异包括不同思维方式的优势
在技术层面上得到表达，足以支撑人工智能进入一个新阶段乃至新
时代吗？

文化科学的成果进入人工智能研究可能给这个领域带来巨大冲

击，但危与机始终是共存的，新一代人工智能革命性突破的钥匙，说不定就在这个至今尚未完全打开的保险箱里！

量子称霸，脑科学称王，文化研究称后，在"三子星座"的照耀下，人工智能的未来就在眼前！

后　记

这本书起因于一门课，这门课起因于一篇文章。

2017 年，AlphaGo 挑战全世界围棋高手成功，人工智能突然吸引了全社会的关注，一时洛阳纸贵。热闹之下，公众心态是把人工智能同人类已有的技术发明做等量齐观，一片乐观气氛，而霍金、马斯克等人的忧虑则完全被置之脑后，甚至有人认为，这些科学家不怀好意，为迷惑别人不要走在自己前面，故意释放烟幕弹。

错愕之余，我于当年 7 月间写了一篇文章，以《"天问"：二元智能的一元未来》为题发表。因为有感而发，随想随写，三五天里成文，不及斟酌，误打误撞进入了一个全新领域。好在大学学的是工科，改行社会学后，读过几本科学哲学，多年从事中国传统文化与犹太文化比较研究，采取的是智慧视角，所以尽管对人工智能技术所知有限，但对智能本身和人工智能研究中的思想脉络并不陌生，能说一些自己的话。

是年年底，应上海大学计算机学院郭纯生老师之邀，策划并主持面向本科生的通识课,"人工智能"由此出现在 2018 年上海大学春季学期的课堂上。

"人工智能"挂在通信学院名下,由分管教学的副院长张新鹏教授担任课程负责人。作为通识课,课程重点不在专门知识,而在拓展学生视野,增进学生思维。我的想法很简单,不能激活自己的智能,如何研究得了人工智能? 为此,每堂课前,出现在屏幕上的口号是:"你脑洞够大,装得下这门课?"

注重思维,注重想象,注重思想,注重释放思想的潜力,《人与机器:思想人工智能》由此而来!

这门课动员了全校十多位教授,涵盖计算机、通信、机械工程与自动化、生命科学、物理、文学、经济、社会等学科和专业。阵容庞大,并非图个热闹,课程对所选专业和话题切入口都有专门设计。研究人工智能必须建立在对人类智能的了解上,而借助非直接相关专业的视角和原理,恰好可以提供思考人工智能的背景和思路。同时为方便非专业学生学习,课程特意从人工智能技术最新应用入手,打开一个个知识点。比如,课程对作为人类棋类游戏最高智能形态的围棋对弈、作为文学创作的诗作、医学中的医生读片诊断,还有股市定价与预测、群体伦理乃至人类智能的文化特性等话题,都作了相当的铺陈和展开,既增加了课程的趣味性,也通过展示人类智能原型,给人工智能未来的技术发展提供想象。"人工智能"课程采取了以知识为载体,以思想为主体,以思想为前导,以知识为旨归的回环式设计思路,努力让文科学生了解人工智能的知识,让理工科学生了解人类关于自身的思考。

所谓"开脑洞"就是要让学生在掌握知识的基础上,超越知识而进入思想层面，在学会思想的基础上，产生更多的知识创造灵感！

自 2014 年以来，我先后策划了"大国方略"系列通识课共六门，"人工智能"是其中最新的一门。在这个过程中，逐步形成了一个开放式的教学团队，并确定了同步制作在线开放课程和撰写配套图书的模式，"人工智能"延续了这一传统，至今我们已为这套系列课程摄制慕课五门，撰写配套图书九本。

"人工智能"课程于 5 月 28 日结束，《人与机器：思想人工智能》于 7 月 15 日交付全部书稿，如此神速，得益于这门课的创新设计。课程进行过程中，团队安排专人，对每堂课的教学包括师生互动，进行全程速记，一堂课讲完，次日逐字稿就在案头了。作为课程和图书策划人，我负责对每一章进行学科整合、内容补全、结构优化和文字统合，形成脱胎于授课内容但完全不同于讲稿的书稿后，交由主讲教师审核、修改和补充，我再作进一步统合，形成规范的书稿后，再转给上海大学计算机学院院长郭毅可教授，由他做专业审核和把关，视情况给以修正、补充和提升，最后我再对"硬知识"作软化处理，几易其稿，得以成书，付梓出版。

无论思考还是写作，流程如此复杂，做工如此精细，让《人与机器：思想人工智能》带上了明显的传统工艺品风格。

这是一件"金镶玉"。

思想不分文理，彼此天然相通，但不同学科的知识和知识生产方式大相径庭。无论一门课还是一本书，参与的学科专家多，当然是好事，但要让思维方式相去甚远的专业融为一体，绝非易事。理工科追求知识的唯一性，社会科学追求解释的多样性，性格截然不同，而文学艺术追求创作的唯一性,听上去同理工科更接近些。其实不然。理工科要求所有知识必须具有超越个人的普遍性,在定义范围内,知识是唯一的;而文学艺术则要求不同于所有其他人的个体创造唯一性,有价值的作品必须是独一无二的,与人雷同本身就是失格,并不需要模仿抄袭的主观恶意。性质不同的专业和性格各异的教师齐聚一本书甚至同一章之中,还要保证全书或每章的整体感和连贯性,没有"金镶玉"的能耐是揽不下这本书的"瓷器活"的。

让"金镶玉"得以成型的是思想本身的相通性。同为人类智慧的成就,思想与知识既有联系,又有区别。简单地说,思想是知识的前导,没有思想,知识的探索没有方向;思想是知识的生命,没有思想的持续活跃,知识将沦为一潭死水;思想是知识的灵魂,知识可以保全自己的躯体,但思想不会固守于某具"皮囊"。所以,专注于思想,足以确保不同学科理论的彼此衔接、相得益彰。"金镶玉"因此成为本书的首要特色。

这是一件"巧色雕刻"。

玉石是中国工匠最喜欢的材质,温润如君子,而玉石往往是杂色的,如能随色赋形,成就斑斓效果,那就是巧夺天工。同样,教师授课是一个意识流过程,虽然备课必不可少,但宣读讲稿肯定不受学生欢迎。而一旦即兴发挥开了,跑题就不可避免,无论在理工科还是文科教师那里,这样的情形都很正常。所以,现场速记稿最后呈现的绝对不会是完全满足课程设计的"汉白玉",而只会是表现教师个人创见的"杂色彩玉"。

对其他课程来说,"杂色"或许不符要求,但对一门旨在开启学生脑洞的通识课,只有"杂"了,才能体现多学科融合的特性和优势。不过，尽管"杂"有好处，但要把"杂"用好了，还是一件难事，尤其考虑到书稿对完整性、系统性和连贯性的要求，过于庞杂不是一种好的风格。为此，本书的写作重点就在精心甄别每位参与教师哪怕点滴的洞见与创意，不敢暴殄天物，务使各得其所，杂而有序、相映成趣，才能收浑然一体之效。

这是一件"文物复原"。

言语与文字在表达上的最大区别是，言语属于时间范畴，而文字属于空间范畴；言语说过就随风飘逝，无法细究，而文字可以随时翻阅，任意挑剔；言语允许大幅跳跃，只要意思在，气势不断，即为雄辩，而文字则必须字斟句酌，不留破绽，方有回味余地。这意味着从逐字稿到书稿，中间存在巨大空白，需要大量的文字、知识和思想来一一填补。确实，在本书的不少章节中，填补部分甚至超过原有部分，像极了文物考古的整理修复作业。

这是一出"对句接龙"。

与文物修复的不同之处在于，思想的补全没有原型可以参照，仅仅简单弥合是不够的，更多时候需要创造性发挥。受到讲课的启发是肯定的，加入原创的思想也是必需的。在这一点上，本书的编写又像极了古人唱和赋诗的一种形式，形如"接龙"的"对句"，每人说一句，既可以两两相对，也可以前后相续，但句与句之间必须有所呼应。这本书正是不同专业的教授彼此唱和、相互启发的成果！

按照分工，我承担了全书的主题策划、内容设计和文字整理，连同个人完成的章节，所贡献的文字量占全书一半以上。

思想贵在开放，知识重在严谨。一本严肃的专业图书必须确保理论的完整性和表述的准确性。全书的人工智能专业审定职责由郭毅可教授承担，其定位不只是"守门员"，而是"自由人"，书中大量人工智能的前沿知识由郭毅可教授提供，他对专业知识内在哲学思想的敏感的发掘，大大增加了本书的学术厚度。

着眼思想，讲述人工智能，固然是本书的突出优点，但要是不能保证科学知识的可靠，思想难免成为玄想、空想乃至臆想。一位略懂科学、偏重人文性的社会学者和一位参透人文、偏重科学性的智能专家彼此合作，恰好构成一幅中国太极图，既文理相反，黑白分明，又文理相通，黑白相间。这种认知方式的互补连同所有参与本书写作的教授的不同知识结构的相辅相成，是《人与机器：思想人工智能》得以成书并达到相当质量的根本保证！

尽管如此，我无意说思想性和知识性在本书中达到了天衣无缝的结合或融合，相反，磨合和交融的工作直到定稿也没有全部完成。思想天然具有的自由与科学要求的严谨，构成本书的内在张力。真理往往始于荒诞，揭示规律的科学也是在奔放无羁的思想中孕育的，这是一条符合科学本性也经过了科学史验证的真理！

本书的前言由顾骏（社会学院）撰写，第一章由郭毅可（计算机学院）、顾骏撰写。其他各章的参与撰写者分别为：第二章武星、骆祥峰（都为计算机学院）；第三章张新鹏（通信学院）；第四章武星、胡建君（美术学院）；第五章李晓强（计算机学院）、肖俊杰（生命科学学院）；第六章李晓强、聂永有（经济学院）、顾骏；第七章杨扬（机自学院）、骆祥峰；第八章谢少荣（计算机学院）、顾骏；第九章顾骏、张新鹏；结语陈玺（理学院）。我与郭毅可教授只在自己撰写或主讲的章节中署名，在其他章节中的贡献无论多少，不做一一注明。

此外，王国中（通信学院）、李明（机自学院）、孙晓岚（计算机学院)等教授友情参加"人工智能"授课，同样为本书做出了贡献。

在内容结构上，本书前言采用了我发表于《探索与争鸣》（2017 年 10 月）上的《"天问"：二元智能的一元未来》一文的原稿，稍有修改。如此安排主要考虑到，"天问"一文集中了我对人工智能的直觉感受和发散思考，其中不少有价值的想法在书中没有得到展开甚或表达，所以用来作为一种补全。

更要紧的是本书对人工智能技术的发展总体上抱乐观主义态度，全书各章都没有对人工智能可能带来的人类学后果尤其是可能的负面后果作严肃讨论。如此定位即便不算轻率，至少反映出哲学反思的不足。而"天问"一文恰好系统表达了我对人工智能与人类关系的批判性思考，用作前言可以构成对这本书的认知平衡。

就专业知识而言，第一章聚焦于对人工智能的基石——图灵测试的反思，今天人工智能研究的成就和局限都与之有关，既值得肯定，也需要扬弃。

第二章比较中规中矩，纵向介绍了人工智能的发展轨迹，横向展示了人工智能技术的基本板块，力图给出人工智能技术发展的概貌。

第三章涉及的主要知识点是人工智能技术中的认知与决策，以博弈为主要领域来展开。从 AlphaGo 与人对弈开始，重点讨论了人工智能在决策上和人类智能的异同，特别是确定性与不确定性情景下的决策及其各自特性。

第四章主要涉及人工智能的自然语言处理与理解，以机器写诗为切入点。人工智能的思维不能局限于专为计算机设计的技术语言，进入人类日常使用的语言是必经之路。诗歌是人类语言中最富于变幻，也最容易鱼目混珠的形态。机器写诗如何从字词组合进化到"诗言志",需要攀登的是人文高度。

第五章主要涉及人工智能中的模式识别技术,以图像处理为切入点。语言是清晰的,而图像是模糊的,正如人类实际生活场景。从清晰到模糊的感知能力进化,反映了人工智能逐步摆脱对经过人类处理的材料的依赖,而表现出越来越强的独立性。

第六章涉及人工智能在人类经济活动中进行预测的技术。股市交易的核心是精准预测,机器人在股市投资上的成功,甚至代替市场来发现价格,势必给个人决策、经济运行乃至人类关于未来的哲学思考,提出新的课题。

第七章主要涉及人工智能的自主行为,从智能机器人的发展角度,展开关于智能机器人替代人类行动的可能。触及的深层次问题是:在人类智能与人工智能平行关系模式下,机器与人各有所长、彼此交融的技术前景何在。

第八章针对未来人工智能技术发展的一个重要方向,协同智能,来探讨人工智能的伦理安排。这部分内容与其说是已有知识的介绍,毋宁说是对技术发展方向的推测与预见。群体智能需要个体智能作为基础,但群体智能不等于个体智能的简单加和。如何在算法层面上建立机器人个体与个体、个体与群体的伦理关系,是这一章的关注所在。

第九章提出了一个更为宏大的问题,人工智能研发背后的文化因素。文化特性已经影响了人工智能强国的技术取向,更将影响人工智能研发的方向,对人类智能的模拟从人的"第一天性"向"第二天性"延展,或许就是新一代人工智能的切入口。

结语主要从计算的速度和方式的角度,接入人工智能未来可能采取的技术形态，量子智能、脑科学和文化研究如能获得突破，将成为人工智能新时代破晓的钟声。

本书中采用了五个互有关联的概念，即机器、机器人、计算机、机器智能和人工智能。同英语中相关词语的使用相似，这些概念在内涵上基本相同，但在全书各个章节中出现时，会有语义上的细微差异。"机器"在书中使用最多，指的就是"智能机器人"，只是为了突出其相对人而言的抽象哲学意味，如同本书以"人与机器"为名一样。"机器人"强调的是获得了行为能力，从而具有某种"人格形象"的智能机器人，带有一定的个体属性和拟人色彩，比如"机器人坐堂""机器人独霸股市"以及"机器人之间的伦理关系"等场合。还有，在述及自动化机械的场合，按照习惯，也采用"机器人"的称呼。"计算机"用于更加宽泛而且专业的场合，但整体上使用不多，毕竟不是任何一台计算机都具有人工智能。"机器智能"与"人工智能"没有实质性差异，主要视上下文而定。这两个概念相比"机器"或"机器人"，更强调智能特性而非行为能力。本书倾向于使用机器智能，但考虑到国内已约定俗成，采用人工智能的居多，所以同时使用这两种表达方式。事实上，在人工智能领域内，这些概念都得到了普遍使用，具体使用哪个，不仅看语境，一定程度上还随使用者个人喜好或习惯而定。为了不造成读者的误解或不快，特对此技术细节加以说明。

本书探索了一种全新的写法，"草鞋没样，边打边像"，给不同学科专家的想象和思考提供了最为宽松的环境。今天"草鞋"已经打成，"像不像"交给读者评判。

值此书稿交付之际，首先感谢计算机学院郭纯生书记，受他的委托，才有这门课和随后的这本书。

感谢通信学院张新鹏院长，他不但负责"人工智能"课程，从行政上给予全方位支持，还参与重要章节的撰写，在自己主讲之外的多个主题中，贡献了智慧。

感谢教务处副处长顾晓英研究员，承担课程运行中的团队管理和教学组织工作，尤其是创新采用当堂速记的方式，为高效率地完成本书的撰写提供了可贵的条件。

感谢上海大学出版社戴骏豪社长、傅玉芳常务副总编的长期信任、支持和宽容，感谢出版社各位编辑给予本书的特别关心。

人工智能技术研究正在势头上，中国科技人员盯紧世界前沿，发奋努力，这样的态势令人鼓舞。但要想站上第一线，不可缺少原创思想，而正是在这个特定方面，我们需要弥补的是以千年计的差距：缺乏原创性科学思想是导致近代中国落后的根本文化因素！

吸取别人思想，研发人工智能技术，对中国科技人员来说，虽有难度，尚可克服，而提出原创思想，引领研究方向，实为最大挑战，也是最重要的努力方向。

《人与机器：思想人工智能》突出思想，并以"机器中国人"为最后一章的主题，寄寓了对中国科学家在人工智能研究领域，借文化之优势，发挥思想之潜能，在新一代人工智能的发轫上，为人类做出创造性贡献之期盼！

顾　骏

2018 年 7 月 15 日